I0183546

CATALOGUE RAISONNÉ
DES MOLLUSQUES

TERRESTRES ET D'EAU DOUCE

DE LA GIRONDE.

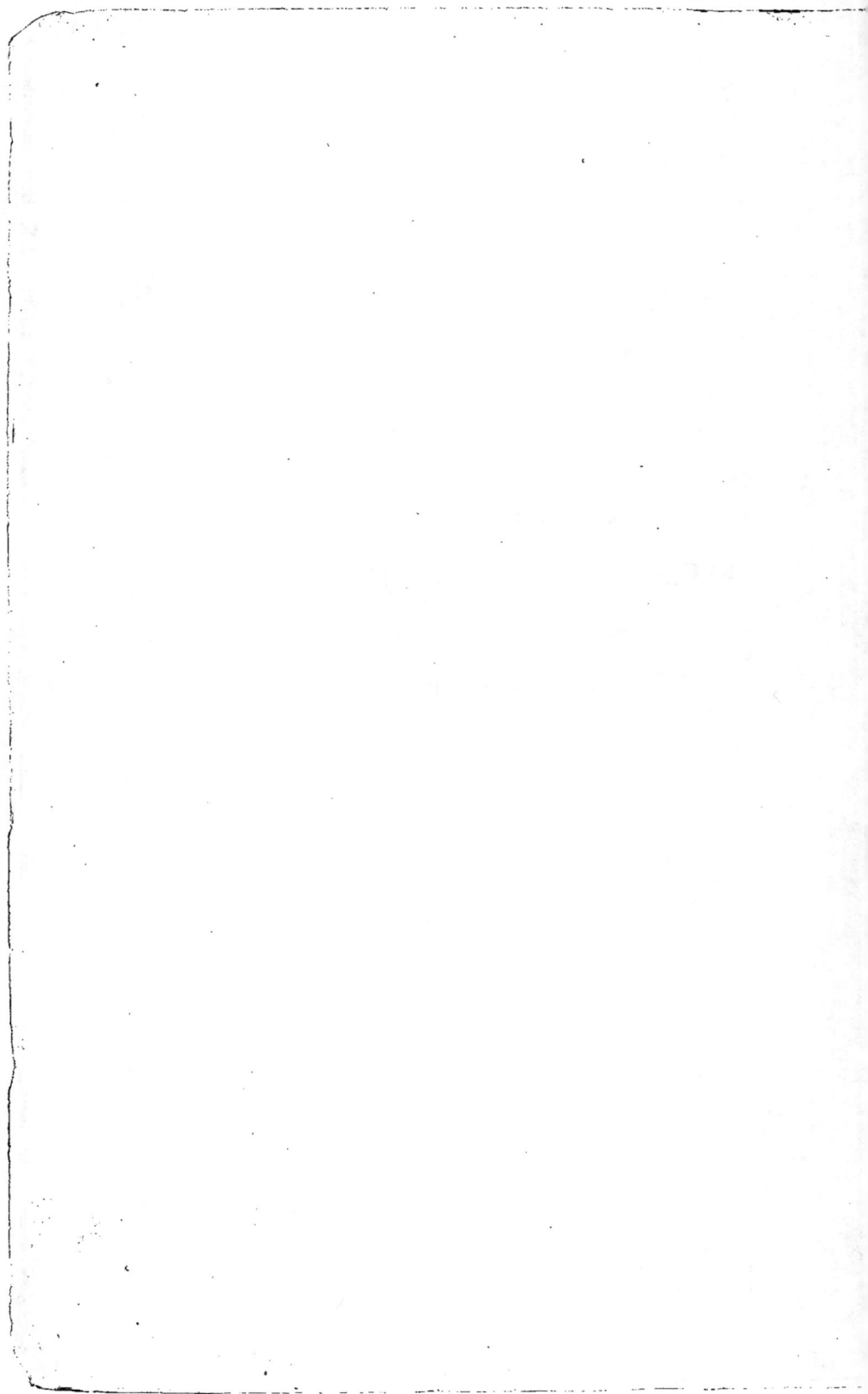

CATALOGUE RAISONNÉ

DES

MOLLUSQUES

TERRESTRES ET D'EAU DOUCE

DE LA GIRONDE ;

PAR M. J.-B. GASSIES,

Trésorier de la Société Linnéenne de Bordeaux ; membre des Académies des Sciences,
Belles-Lettres, etc., de Toulouse et de Bordeaux ;
des Sociétés Linnéenne de Lyon, d'Histoire naturelle de la Moselle,
Belles-Lettres et Arts du Var, académique de Maine-et-Loire, etc.

(Extrait des ACTES de la Société Linnéenne de Bordeaux, tome XXII , 3ᵉ livraison)

BORDEAUX.

IMPRIMERIE ET LIBRAIRIE DE F. DEGRÉTEAU, L. CODERC ET J. POUJOL,

SUCCESSEURS DE **TH. LAFARGUE,**

Rue Puits de Bague-Cap, 8.

1859.

A MONSIEUR

Charles DES MOULINS,

PRÉSIDENT DE LA SOCIÉTÉ LINNÉENNE DE BORDEAUX.

HOMMAGE

DE RECONNAISSANCE ET D'ADMIRATION,

Son tout dévoué collègue,

J.-B. GASSIES.

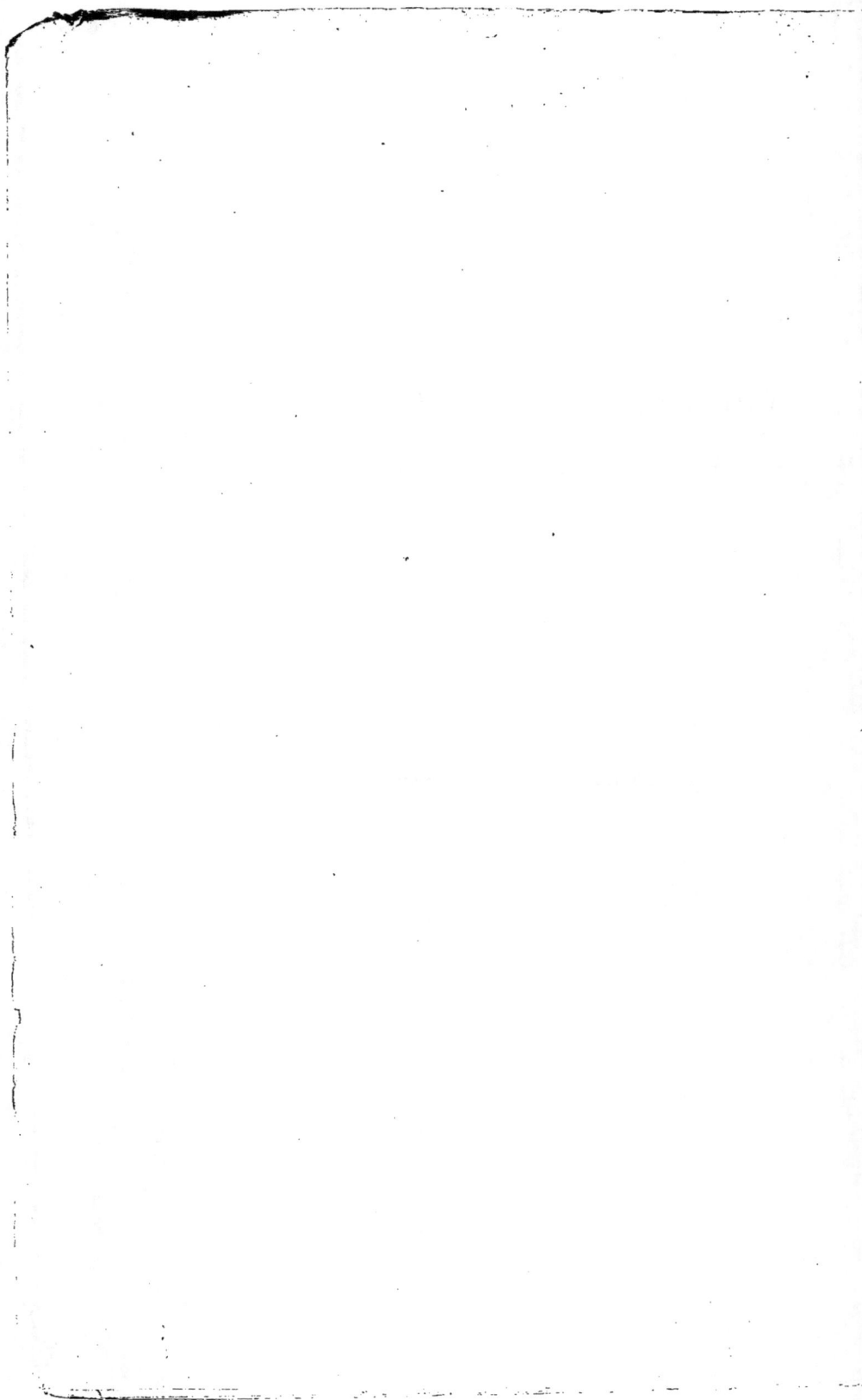

CATALOGUE RAISONNÉ

DES

MOLLUSQUES TERRESTRES ET D'EAU DOUCE

DE LA GIRONDE.

———————<del>••••</del>———————

INTRODUCTION.

Il s'est écoulé trente-deux ans depuis que M. Charles Des Moulins fit paraître le Catalogue des Mollusques terrestres et fluviatiles de la Gironde.

Depuis cette époque, les recherches se sont multipliées et la somme des espèces s'est accrue considérablement, au moyen des découvertes nombreuses faites par quelques naturalistes et surtout par les membres de la Société Linnéenne (1).

Ces divers addenda ont été l'objet de notes insérées aux *Actes*, dans leur ordre chronologique avec les noms des explorateurs.

Il sera facile de constater cet accroissement en mettant en regard l'œuvre de mon prédécesseur, qui contient quatre-vingt-onze espèces (2) et la mienne qui en compte 138.

La nomenclature ne pouvant rester stationnaire au milieu du progrès général, j'ai dû me pénétrer des nouvelles divisions faites par familles, genres et sections ; plusieurs ont été réunies, d'autres complètement abrogées ; car l'étude de l'animal, la malacologie en un mot, a jeté un jour tout nouveau dans les études de cette science.

(1) Voir *Progrès de la malacologie en France et particulièrement dans le Sud-Ouest, depuis moins d'un siècle*, par J.-B. Gassies, dans l'*Ami des Champs*, Juillet 1858, et *Annuaire de l'Institut des Provinces*, 1859.

(2) Je ne compte pas les *Palud. muriatica* et *acuta* qui sont des espèces marines.

1

Les dissections anatomiques, les observations de mœurs, le secours si puissant du microscope perfectionné, tout m'a fait une loi de ramener chaque groupe et chaque espèce au type similaire, sans me préoccuper des variations de l'individu.

Aussi, est-ce pénétré de ces idées, de mes recherches de dix années, et de l'appui de M. Des Moulins, que je livre aujourd'hui le *Catalogue raisonné des Mollusques terrestres et d'eau douce de la Gironde.*

Ce Catalogue peut être considéré comme la deuxième édition de celui de mon savant devancier dont les collections et les conseils ont été pour moi d'un immense secours. Je n'ai pas voulu faire de l'érudition ; je me suis contenté de donner les synonymes types et puis ceux des auteurs français, afin de ne pas surcharger un travail destiné aux Actes de la Société Linnéenne dont les pages sont comptées.

J'ai dû, à l'exemple général, ramener la synonymie à sa source, en prenant les noms primitifs, au moins ceux dont la diagnose avait été décrite scientifiquement.

Je me suis attaché à donner l'*habitat* exact des espèces que je signale et surtout la nature des terrains ou des eaux qu'elles préfèrent.

J'aurais pu m'étendre sur les altitudes, mais j'ai été arrêté aussitôt dans ce projet, lorsque j'ai vu l'uniformité de nos côteaux presque tous d'égale hauteur.

J'ai divisé mon catalogue en deux classes :

1° Les Gastéropodes.

2° Les Acéphales.

En huit familles :

1° Les Limaciens.

2° Les Colimacés.

3° Les Cyclostomacés.

4° Les Limnéens.

5° Les Péristomiens.

6° Les Néritacés.

7° Les Nayades.

8° Les Cardiacés.

Ces huit familles sont divisées elles-mêmes en vingt-deux genres : pour la première classe, contenant 116 espèces et de nombreuses variétés ; pour la deuxième, en quatre genres, 22 espèces et quelques variétés.

Plusieurs naturalistes m'ont prêté leur bienveillant concours en me communiquant les espèces qu'ils avaient trouvées ou en me signalant des *habitats* plus nombreux ; aussi me fais-je un devoir de les citer avec reconnaissance. Parmi les plus zélés, on trouvera des noms depuis longtemps célèbres, et d'autres qui commencent à se faire remarquer par leur ardeur à recueillir nos espèces indigènes et les belles coquilles exotiques : ce sont MM. Bareyre, de Cadillac ; Cabrit, de Caudéran ; Coudert, Durieu, Fischer, de Grateloup, D. Guestier, Jaudouin, Laporte père et fils, Des Moulins et Souverbie, de Bordeaux, et Paquerée, de Castillon. Je les prie d'agréer l'expression sincère de mes remercîments.

J'aurais désiré voir prendre plus d'extension à mon travail, le faire précéder des éléments terminologiques et donner des figures de toutes nos espèces, comme me le demandaient plusieurs de mes amis ; mais, outre que les frais eussent été énormes, j'ai dû céder devant le double emploi de ces descriptions qui existent dans presque tous les ouvrages récemment publiés et surtout dans mon *Tableau des Mollusques terrestres et d'eau douce de l'Agenais*, auquel je renvoie mes lecteurs (1).

Puisse ce Catalogue stimuler le goût de nos jeunes étudiants ! Ils trouveront, dans la recherche et les mœurs des Mollusques, un attrait dont ils ne se doutent pas et qui les paiera au centuple de leurs soins et de leurs peines. Pour moi, mon but sera atteint et je m'applaudirai de l'avoir publié s'il a pu leur être utile (2).

Bordeaux, 5 Janvier 1859.

(1) *Tabl. des Moll. terr.*, et d'eau douce de *l'Agenais*, grand in-8°, 212 pages, 4 planches gravées et coloriées, Paris, Baillière, rue Hautefeuille, 19.

(2) M. le docteur De Grateloup vient de commencer la publication d'une Faune de la Gironde. Ce travail, très-distinct du mien qui est purement zoologique, offre des notes très-variées sur la distribution géographique des mollusques terrestres et d'eau douce, sous le rapport botanique et orographique. Je crois que cette faune complètera, avec avantage, celle que j'offre aujourd'hui aux malacologistes.

PRÉLIMINAIRES.

§ Ier. — ALIMENTATION.

Les animaux dont nous avons à nous occuper, vivent la plupart tout près de nous, à notre portée, et sont assez faciles à recueillir; néanmoins, il faut une certaine habitude pour trouver ceux de certains genres et espèces, et ce n'est guère qu'après quelques excursions que la vue s'habitue à pénétrer dans les retraites où ils se cachent.

Leur nourriture n'est que rarement spéciale; car, dans la majorité des individus, j'ai constaté une grande propension à se nourrir indifféremment de matières végétales ou animales, fraîches ou putréfiées.

Dans certain cas, et pour les espèces rupestres, je les ai vues s'alimenter avec les mucédinées et les petits cryptogames qui tapissent les parois des rochers; mais ces animaux, élevés en captivité, et, quoique ayant à leur portée ces mêmes plantes, dévoraient avec avidité les débris divers amoncelés dans les caisses et semblaient dédaigner celles destinées à leur nutrition, à l'état libre et normal.

Parmi les nombreux genres et espèces que j'ai pu acclimater et faire reproduire, j'ai toujours pu constater le fait, que les mollusques sont omnivores et ne vivent exclusivement d'aucun aliment qui leur soit spécial.

Si, quelquefois, on en trouve qui affectionnent plus particulièrement telle plante, je crois que c'est plutôt comme abri et non comme nourriture, car les feuilles intactes ne portent nullement la trace des mâchoires des animaux dont les morsures sont pourtant si reconnaissables.

§ II. — RECHERCHES.

Les mollusques habitent de préférence les terrains calcaires, et ceux qui vivent autour des habitations rustiques, ou auprès de nos jardins, s'empressent de s'emparer de nos murailles neuves ou lavées à la chaux. D'autres s'amoncèlent autour des piquets et échalas des vignes, des tuteurs des plantes et paraissent ronger les débris d'écorce que le fer a respectés. De nombreuses tribus se groupent après les tiges mortes des chardons et semblent vouloir, par leur présence, souvent très-variée, faire oublier les fleurs desséchées et jonchant le sol.

Il faut donc rechercher les mollusques, terrestres et d'eau douce, dans les plaines et sur les côteaux, dans les lieux exposés au soleil comme dans les bois ombragés et humides.

Pour les terrestres, il faut autant que possible que ce soit après les pluies tièdes; il est alors facile de les recueillir sur les mousses, les troncs d'arbres; sous les pierres, les parois des rochers et sur les plantes.

Quelques espèces sont fort difficiles à trouver, à cause de leurs habitudes souterraines : il faut alors, lorsqu'on aura constaté leur présence par quelque individu mort à la surface, arroser la terre à grande eau et jusqu'à ce qu'elle soit imprégnée d'une forte humidité, à une profondeur de 10 à 40 centimètres ; on peut être certain alors de voir surgir, pendant la nuit ou le matin de bonne heure, les individus vivants identiques à ceux dont on avait signalé la dépouille gisant sur le sol.

C'est ainsi que je me suis procuré plusieurs fois des Bulimes et des Maillots, notamment le *Bulimus tridens*, les *Testacella haliotidea* et *Maugei*, etc., etc.

Pour la recherche des espèces fluviatiles, toutes les époques sont bonnes; j'en ai recueilli dans toutes les saisons, aussi bien l'hiver que l'été.

Il faut se munir d'un petit filet nommé *troubleau*, de forme trigone et dont la base est droite ; par ce moyen, on peut racler les parois des fontaines, le fond vaseux et herbeux des marais, et recueillir ainsi tout ce qui s'y trouve après avoir épuré l'intérieur du canevas ou de la toile métallique de toutes les matières étrangères.

Alors, avec des bruxelles un peu longues, on vérifie le fond du troubleau et on met les coquilles dans une boîte avec le nom de la localité et la nature des eaux.

Les grandes bivalves sont plus difficiles à trouver à cause de la profondeur où elles parquent.

C'est ordinairement dans la vase tranquille des fleuves et des grands cours d'eau qu'elles habitent et où on les voit parfois, par transparence, tracer des sillons au bout desquels on est certain de les prendre. Plusieurs personnes se servent d'une drague attachée à l'arrière d'un bateau ; mais le moyen qui m'a le mieux réussi, c'est celui qui consiste à faire glisser un pêcheur sur la vase, où, avec les mains et les pieds, il peut les saisir facilement et en faire de grandes provisions.

§ III. — CONSERVATION.

Pour les mollusques que l'on veut conserver dans l'alcool, il faut les bien séparer des mucus qu'ils sécrètent, puis les enfermer dans un flacon plein d'eau salée, dont on a soin de clore l'orifice, de façon à comprimer l'air, et, par là, déterminer l'asphyxie de l'animal, qui prend alors toute son extension.

Une fois mort, on le presse un peu pour le dégager de l'eau qu'il a dû absorber, ainsi que du restant des mucosités qui le souillent encore; et puis on le met dans un flacon à demi-plein d'alcool, rectifié à 22 degrés (1).

Pour les mollusques dont on ne veut conserver que l'enveloppe, il suffit, pour les bivalves, de les jeter dans l'eau bouillante, les retirer de suite pour les bien nettoyer à l'eau fraîche et les entourer d'un fil afin de réunir les charnières et les bords qui, sans cela, se sépareraient par la rupture du ligament.

Pour les coquilles univalves, il est bien plus difficile de les vider de leur habitant, et certaines petites espèces même sont tellement scabreuses que l'on doit y renoncer par crainte de les voir se briser dans les doigts.

Il faut donc, lorsqu'on aura plusieurs coquilles à nettoyer et vider, les jeter à l'avance dans l'eau un peu tiède; le mollusque, excité par la chaleur humide du liquide, s'allongera beaucoup hors de sa spire, et aussitôt qu'on le trouvera suffisamment en dehors, on le précipitera dans l'eau bien bouillante, où on le laissera à peu près deux minutes.

On retirera le vase du foyer, et avec des bruxelles on mettra la coquille dans l'eau fraîche; la main gauche la tiendra, tandis que la droite, au moyen d'un instrument spiral, et autant que possible de la forme de la colonne où s'enroule le ligament, armé d'un petit crochet en hameçon à son extrémité, on introduira cet instrument aussi en avant que possible, et au moyen d'une secousse on opérera une révolution vive, en suivant le sens spiral de la coquille.

L'extraction de l'animal opérée, on fera passer l'eau fraîche dans l'intérieur, en secouant et la faisant tomber; ensuite on la mettra sur de vieux linges pour qu'elle se dégage de toute humidité, ayant le soin de

(1) Si le corps devient flasque, il suffit d'insuffler de l'alcool par la bouche jusqu'à ce qu'il redevienne rigide.

la poser du côté de l'ouverture, afin que de toutes les mucosités et de l'eau il ne reste nulle trace.

Il arrive quelquefois que, vers le tortillon, le mollusque se brise et laisse le foie vers le sommet ; il faut alors confier cette coquille aux zonites qui, étant essentiellement carnassières, s'introduisent dans l'intérieur lorsqu'il est assez grand, et dévorent tout ce qui reste, à moins qu'elles ne puissent aller au fond ; alors on doit laisser aux petits vers, aux Acarus et aux Podures le soin de nettoyer complètement cette coquille hasardée.

J'avoue que je ne me suis servi de ces derniers moyens que lorsqu'une coquille me présentait un intérêt assez grand, car le séjour sur la terre humide des caisses influe beaucoup sur l'épiderme et ternit le têt (1).

§ IV. — CAPTIVITÉ.

Terrestres.

J'arrive à un point des plus essentiels pour l'étude des mollusques : c'est de pouvoir les élever en captivité, les observer sur place, loin des milieux où ils vivent d'habitude.

J'ai déjà parlé de mes caisses dans deux ouvrages précédents (2), et les résultats que j'ai obtenus me font un devoir d'en reparler encore.

Ces caisses en bois de pin, recouvertes de gaze métallique, ont la profondeur de 50 à 60 centimètres. Elles sont remplies par deux tiers de terre, sur laquelle j'ai ménagé des abris avec des fragments de calcaire, de silice, de schiste, de gypse et de briques.

Dans les temps secs, j'arrose fréquemment la partie la plus exposée au nord, laissant celle qui confronte au sud dans un état de sécheresse relative.

Je distribue mes caisses en compartiments irréguliers, dans lesquels je dispose les aliments et les roches qui conviennent le mieux aux espèces que je veux étudier.

Voici à peu près les résultats que j'ai obtenus pour la reproduction des mollusques, sur lesquels j'ai pu expérimenter.

---

(1) On peut également confier les coquilles mal vidées aux larves des anthrènes qui vivent dans toutes les collections.

(2) *Essai sur le Bul. tronqué.* (*Act. Soc. Linnéenne,* Bordeaux, 1817).

Monographie, G⁰ Testacelle. Gass. et Fisch., loc. cit. 1856.

Se sont acclimatées et ont reproduit, les espèces suivantes :

Arion rufus.
— subfuscus.
— fuscus.
Limax agrestis.
— gagates.
— argillaceus.
— variegatus.
— maximus.
Testacella haliotidea.
— Maugei.
Vitrina major.
Zonites cellarius.
— nitidus.
— nitens.
— olivetorum.
Helix rotundata.
— obvoluta.
— cornea.

Helix nemoralis.
— aspersa.
— limbata.
— revelata.
— hispida.
— intersecta.
Bulimus tridens.
— acutus (*non développé*).
— decollatus.
Clausilia parvula.
— perversa.
— Rolphii.
Balæa perversa.
Pupa cylindracea.
Vertigo pygmæa.
Carychium minimum.
Cyclostoma elegans.
Pomatias septemspirale.

J'ai vainement essayé d'acclimater le *Testacella bisulcata* de Grasse : il s'est accouplé, a pondu ; mais ses petits sont morts presque de suite après leur naissance.

J'ai éprouvé le même désappointement avec les espèces suivantes :

Vitrina semilimax.
Succinea putris.
— Pfeifferi.
Helix lapicida.
— terrestris.

Helix carthusiana.
— pisana.
— ericetorum.
— variabilis.
Bulimus obscurus, *etc., etc.*

Les accouplements se font généralement de nuit ou pendant les jours pluvieux, et tout aussi bien en hiver que pendant les autres saisons de l'année, pourvu que le temps soit humide et qu'il ne gèle pas.

Les individus fécondés enfoncent leur mufle dans la terre, y déposent leurs œufs qui éclosent habituellement au bout de trente à cinquante jours, selon l'époque et l'état atmosphérique.

Les œufs des Zonites et de certains Bulimes sont calcaires et résistants. Ceux des autres Mollusques terrestres sont généralement gélatineux, élastiques et réunis, ou agglomérés par une mucosité incolore ou légèrement irisée.

La coquille est formée déjà pendant l'incubation ; mais elle n'a pas encore le faciès qu'elle devra avoir à l'état parfait. Elle est plus ou moins courte, conique et avec une columelle droite et les tours carénés.

L'accroissement des individus, ainsi élevés, est des plus rapides, à cause des effets produits par une humidité permanente et une nourriture très-substantielle qui ne manque jamais.

Aussi, ai-je obtenu des individus de Limaces adultes, éclos en novembre, et qui avaient atteint leur développement au mois de juin suivant.

Tous les aliments leurs sont bons : j'en ai nourri exclusivement avec de la carotte, d'autres avec des viandes corrompues, des fruits, de la soupe, du son, de la farine, etc., etc. Tous les Zonites et quelques Bulimes lèchent avec plaisir le sang frais des animaux supérieurs.

§ V. — AQUATIQUES.

Univalves.

Pour élever les Mollusques aquatiques, il faut se procurer un vase en verre, comme ceux où l'on renferme des poissons du genre Cyprin, ou même un peu plus évasé (1).

On y mettra un peu de sable pur, quelques débris de briques et de calcaire, et, une fois ces objets immergés, on y posera des plantes flottantes, telles que des *Lemna*, des Conferves, des *Hypnum*, etc., etc.

Ces plantes, destinées à l'épuration de l'eau, servent aussi de nourriture; elles ont donc un double but, celui de dégager le carbone qui corromprait le liquide, et celui de sustenter l'animal (2); les pierres entretiennent aussi la pureté, en condensant les matières qui se précipitent.

La plupart des Mollusques d'eau douce ne résistent pas à la captivité, et quoique beaucoup s'accouplent, les jeunes et les vieux arrivent rarement à un développement normal. Je n'ai guère pu observer que quelques Bithinies qui se soient maintenues plus d'une année dans mes petits et grands *aquariums*.

---

(1) M. le professeur Rossmassler de Leipzig recommande beaucoup ces aquaries dans la préface de son dernier Fascicule sur les espèces européennes.

(2) C'est à ces plantes que les marais doivent leur état de limpidité, sans laquelle la corruption des matières animales et végétales empesteraient l'air pendant toute l'année, et quoique déjà ces eaux soient nuisibles à l'homme, elles seraient cent fois pires sans ces agents d'épuration.

§ VI. — BIVALVES.

Les Mollusques bivalves possèdent les deux sexes réunis et se fécondent par approche. M. Isaac Lea, le célèbre monographe des Nayades, a constaté qu'il y avait des mâles et des femelles ; mais nous ne possédons pas encore d'observations qui aient confirmé ce fait. Cependant j'ai pu remarquer chez quelques Anodontes une plus grande convexité des valves et partant du manteau, des branchies et du corps, et une plus grande quantité de petites coquilles entre les feuillets branchiaux.

C'est vers l'automne que les petits sont expulsés et commencent à vivre dans le sable, la vase et parmi les plantes aquatiques : leur développement est généralement plus lent que chez les Mollusques terrestres ; mais s'ils sont dans un milieu tranquille, ils accroissent très-régulièrement.

Il en était surtout ainsi à l'époque où les clayonnages de la Garonne laissaient les nasses encore immergées, et avant que les atterrissements du fleuve les eussent comblées.

C'est dans ces nasses que j'ai trouvé les plus beaux individus d'*Anodonta Gratelupeana, piscinalis* et des *Unio sinuatus* et *Requienii*.

Élevées en captivité, les espèces bivalves des genres *Cyclas* et *Pisidium* n'ont pas résisté plus de trois à quatre mois en hiver, un ou deux mois en été.

Les Mulettes et les Anodontes, placées dans un cuvier avec du sable, du gravier et des plantes, n'ont pas vécu plus de trois mois, quoique le liquide fut fréquemment renouvelé avec l'eau de pluie ou de fontaine.

Je me fie maintenant au bon sens des personnes qui s'adonnent à la recherche de nos Mollusques ; elles acquerront promptement l'expérience nécessaire, et pourront plus tard enrichir encore notre Faune de quelques espèces ignorées et qui se sont dérobées jusqu'à ce jour aux regards des explorateurs.

§ VII. — ENNEMIS DES MOLLUSQUES.

Les Mollusques sont des animaux à sang froid, incolore ou à peine azuré, sans charpente osseuse, possédant tout au plus une enveloppe testacée, quelquefois seulement des granulations calcaires, intérieures.

Leur organisation est fort simple : le système nerveux est composé d'une masse ganglionnaire qu'entoure le collier ; ces ganglions partent du centre et sont à peine visibles ; ils vont en grossissant et se terminent par des renflements très-marqués.

Leur peau est visqueuse, celluleuse et chagrinée, la sécrétion du mucus a lieu par ses pores ouverts. Aussi la sécheresse et le hâle ont-ils un effet mortel sur eux ; la dessiccation opérée par une transsudation forcée les racornit vite et les tue.

Le manteau, composé d'un tissu plus épais et moins accessible aux influences de l'air extérieur, sert à les protéger contre leurs ennemis qui sont très-nombreux, mais dont ils deviennent cependant la proie, n'ayant à leur opposer que la force d'inertie.

Parmi les ennemis des Mollusques, il faut mettre en première ligne l'homme, surtout l'agriculteur qui, confondant les espèces utiles avec celles nuisibles, détruit tout sans piété. Je ne saurais trop recommander pourtant un peu de protection pour les Testacelles qui, loin de détruire nos récoltes, protègent nos vergers et nos fleurs contre l'invasion du Lombric terrestre.

Le Hérisson se nourrit avidement d'Hélices et de Bulimes ; tous les oiseaux du genre Canard pêchent les Anodontes et les Mulettes ; le Corbeau s'en nourrit aussi quelquefois, et la Loutre dévore le Mollusque après avoir brisé les bords de la coquille avec sa puissante mâchoire.

Les insectes attaquent les espèces terrestres et viennent déposer leurs œufs dans les parties charnues du corps ; l'éclosion de la larve tue nécessairement l'animal. Les plus acharnés sont les *Drylus*, les *Lampyris*, les *Staphylinus* et les *Sylpha*.

Enfin, une foule de parasites vivent sur la peau des Mollusques terrestres et aquatiques ; les uns se collent au collier, d'autres se logent sous le manteau ; enfin, d'autres dans les intestins et le foie. Je citerai surtout le *Naïs vermicularis*, les *Vorticella*, les *Acarus*, les *Podurus* et plusieurs vers.

§ VIII. — UTILITÉ DES MOLLUSQUES.

L'utilité des Mollusques est généralement contestée ; cependant je crois qu'on est loin d'en avoir tiré tout le parti possible.

En théraupeutique, on s'est servi du suc des limaçons, et sous les noms de sirop, de pommade et d'hélicine, on l'a fait entrer dans le traitement de la phthisie pulmonaire.

M. le docteur Delamarre a lu à la séance de l'Académie des Sciences de Paris, le lundi 28 décembre 1857, une note très-intéressante sur ce sujet, et où il constate la diminution de la sécrétion de la muqueuse malade des bronches opérée par l'emploi de l'hélicine.

Plusieurs médecins distingués prescrivent le limaçon cru pour certaines affections de poitrine ; enfin, la pommade et le sirop sont ordonnés
presque par tous.

Comme alimentation, plusieurs espèces d'Hélices sont préconisées par
beaucoup de gens ; dans ce nombre sont les suivantes :

Pomatia, aspersa, nemoralis, pisana.

Dans les Bivalves, nous avons vu manger les *Unio sinuatus* et *Requienii,*
et les *Anodonta Gratelupeana, piscinalis* et *cygnea.*

Je ne dissimulerai point qu'ayant essayé de ces divers mets, j'en ai
conclu que la sauce faisait passer le poisson, et que ce régal, déjà lourd
et indigeste, ne se pouvait manger qu'assaisonné avec les épices, l'ail et
les forts condiments qui font la base de sa préparation culinaire.

Dans les arts, on a essayé d'utiliser la nacre des grands *Unio sinuatus.*
Récemment, à Paris, on a monté un atelier pour l'exploitation de ce
produit et des perles que recèle souvent la coquille ; j'ai déposé au
Musée un morceau ciselé dans la nacre d'un *Unio sinuatus* de Cauderot :
on pourra voir par là combien la nacre peut être exploitable, ne le
cédant en rien pour le brillant et l'irisation ; seulement son épaisseur
n'étant pas aussi forte que celle de la Pintadine perlière, et le prix de
cette dernière ayant décrû, il est possible qu'on ne puisse employer les
Mulettes indigènes à tous les ouvrages d'art, d'incrustation, d'ébénis-
terie, de tabletterie et de coutellerie, comme cela a lieu pour les coquilles
exotiques.

J'ai possédé et je possède encore quelques perles d'Anodonte et de
Mulette dont l'orient est aussi beau que celui des perles de Ceylan, et,
dans l'atelier dont j'ai parlé plus haut, j'en ai vu de fort belles prove-
nant des *Unio sinuatus* de la Charente. D'ailleurs, du temps de Linné,
en Suède, il se faisait un commerce assez étendu sur cette industrie ;
mais le procédé de parcage ayant été perdu, il ne reste plus un vestige
d'un commerce qu'aura sans doute détrôné celui des Antilles, des mers
de l'Inde et du Pacifique.

Plusieurs peuplades de la Polynésie travaillent les coquilles et les
érigent en instruments de ménage, de pêche, de chasse et de guerre ; la
plupart peuvent fournir de bonne chaux à bâtir.

En admettant d'ailleurs que les Mollusques ne soient pas, dans l'éco-
nomie naturelle, aussi utiles que certains genres d'animaux, leur étude
seule amène à connaître les grands secrets de la création. Les comparai-
sons utiles et nécessaires font découvrir à l'observateur de nouveaux

arcanes qui l'aident à relier ces animaux aux classes plus élevées ; l'esprit sérieux et dégagé de toute idée de système est obligé de s'incliner devant ces règles de la philosophie de l'organisme où rien ne manque et où tout a sa place, sa corrélation intime avec les bases primordiales desquelles tout découle et vient fortifier le cœur des vrais amis de l'Histoire naturelle, ceux qui cherchent et veulent avant tout la vérité.

Première Classe. — GASTÉROPODES.

Famille I. — LIMACIENS.

Limaciens (excl. *Vitrina*) Lamk., Philos. zool. 1809. — Limaces Cuv., Règn. anim. 1817. — Limacinés (partim) Blainv. Malac. 1825. — Nudilimaces Latr. Fam. nat. 1825.

Animal nu sans coquille extérieure, avec ou sans coquille intérieure, allongé, cylindriforme ou ovale, muni d'une cuirasse partielle ; conjoint avec le plan locomoteur, quatre tentacules contractiles, les grands oculés au sommet. Cavité pulmonaire en avant ou en arrière du manteau. Génération androgyne.

Genre I. — ARION , *ARION*.

Arion Fér. Hist. Moll. 1819. — *Limax* mult. auct.

Cavité pulmonaire antérieure ; orifice au bord droit de la cuirasse antérieurement. Orifice du rectum, près celui de la respiration. Un pore muqueux terminal. Organes de la génération réunis ; orifice sous celui de la respiration. Mâchoire arquée et pectinée ; quelques grains calcaires sous la cuirasse.

1 . 1. A. des Charlatans, *A. rufus* (1).

Limax rufus Linn., Syst. nat. Édit. X, 1758. — *Arion, rufus* Fér. Hist. Moll. 1819, p. 60, pl. 1, fig. 3.

---

(1) *Tous les types* de cette faune, recueillis par mes amis ou par moi dans le département de la Gironde, *font aujourd'hui partie du Musée d'Hist. Nat. de Bordeaux.* Tous sont collés sur des cartons *étiquetés* (ne varietur) *au dos, de ma main ;* de plus, afin de faciliter les recherches ou vérifications à ceux qui voudraient les consulter, chaque carton *est porteur d'un numéro d'ordre, correspondant à ceux du présent Catalogue.*

Nom vulgaire : LOCHE ROUGE.

Var. *B.* Brun brûlé.

C. Noirâtre. *Lim. ater* Linn.

HABITE : les grands bois élevés ou de la plaine, les vergers, les vignes, etc., dans les endroits humides ; le type est remarquable de taille et de beauté dans les bois de Mérignac.

Tout le département ; très-commun.

2. 2. A. BRUNATRE, *A. subfuscus.*

Limax subfuscus Drap. Hist. Moll. 1805., p. 125, pl. IX, fig. 8.

Arion subfuscus Fér. Hist. Moll. Suppl. p. 96, z.

Var. *B.* Jaunâtre, avec des linéoles rouges.

C. Bronze noirâtre.

HABITE : les jardins, sous les touffes des plantes, généralement dans la plaine. — Commun.

3. 3. A. DES JARDINS, *A. fuscus.*

Limax fuscus Mull. Verm. Hist. II, 1774, p. 11.

Arion hortensis Fér. Hist. Moll. 1819, p. 65, pl. II, fig. 4-6.

Var. *B.* Violacé grisâtre, pied *id.*

C Noir, avec des bandes grises, pied *id.*

D. Gris lilas, pied jaune pâle.

E. Verdâtre ou bronzé, *id.*

F. Blanc, pied orangé.

HABITE : les jardins, en ville et à la compagne ; se tapit sous les vases à fleurs, sous les débris de poterie, de planches et de plantes humides. Commun à Bordeaux et dans tout le département.

Genre II. — LIMACE, *LIMAX.*

Limax (partim) Linn. Syst. nat. Édit. X^e. 1758.

Limacella, Brard. Hist. Coq. Paris. 1815.

Nom vulgaire : LIMACE, LOCHE.

Cavité pulmonaire antérieure ; orifice au bord droit de la cuirasse, postérieurement ; orifice du rectum, près celui de la respiration. Pore musqueux terminal nul ; organes de la génération réunis ; orifice derrière le tentacule droit ; mâchoire arquée en bec sans stries pectinées ; coquille rudimentaire, sous la cuirasse (*Limacella* Brard. Coq. Paris. p. 107-109. 1815.).

4. 1. L. AGRESTE, *L. agrestis.*

> *Limax agrestis* Linn. Syst. nat. Édit 10ᵉ. 1758. 1. p. 652. *Lima-*
> *cella obliqua.* Brard. Coq. Paris. 1815. p. 118. pl. 4. fig. 5-14.
>
> Var. *B.* Violâtre.
>
>   *C.* Noirâtre.

HABITE. Très-commune partout, dans les jardins et autour des habitations rustiques, moins dans les landes que dans les terrains calcaires.

Obs C'est l'espèce la plus nuisible. Elle se nourrit des jeunes pousses des
plantes et cause de grands ravages à l'agriculture. Nous avons trouvé, à
Gradignan, la var. B. d'une taille très-forte.

5. 2. L. JAYET, *L. Gagates.*

> *Limax gagates* Drap. Tabl. Moll. 1801. p. 100; et Hist. pl. 11.
> fig. 12. *Limacella, concava,* Brard. Coq. Paris, 1815, p. 121,
> pl. IV, fig. 7-8 et 16 à 18.
>
> Var. *B.* Olivâtre.
>
>   *C.* Grisâtre.

HABITE : les jardins cultivés, s'abrite de la même manière que l'*Arion*
fuscus. — Commune à Bordeaux, Gradignan, Talence, etc.

6. 3. L. ARGILEUSE, *L. argillaceus.*

> Syn. *Limax argillaceus* (1), Gass. Act. Soc. Linn. t. 22. 1ᵉʳ novem-
> bre 1858.

Animal allongé, caréné ; tentacules supérieurs, noirâtres ou violâtres,
point oculiforme très-noir, peu visible ; tentacules inférieurs courts, gris
foncé, un peu noirs vers le sommet ; cuirasse double, séparée en deux
parties inégales par l'orifice respiratoire qui se trouve placé en arrière.

Carène jaune de chrôme, partant brusquement de la cuirasse et se ter-
minant en arrière, en se relevant un peu.

Peau chagrinée assez fortement de noir sur un fond brun bien obscur ;
bords du manteau et du pied jaunâtre ; plan locomoteur, légèrement
zébré à sa marge, dessous jaune pâle ; mucus jaune rouge épais, peu
abondant.

Mâchoire cornée, à bec central, bombé et aigu ; langue piriforme
garnie de spinules espacées en fer de lance, recourbé à la pointe ; osse-

---

(1) *Non argilaceus,* err. typ.

let ovale inégal, un peu abattu à droite; nucléus bombé, chagriné sans apparence de spire.

Longueur en marche . . . . 90 mil.   Hauteur. . . . . 17 mil.

Longueur en contraction. . 25 mil.   Hauteur. . . . . 24 mil.

HABITE : les terrains argileux des plateaux élevés, à Lormont, où elle est difficile à trouver à cause de sa coloration presque identique avec celle du terrain.

7. 4. L. VARIÉE, *L. variegatus.*

> *Limax variegatus* Drap. Tab. Moll. 1801. p. 103. *Limacella ungui-*
> *cula.* Brard. Coq. Paris. 1815. p. 115. pl. 4. fig. 3-4-11.

Nom vulgaire, LIMACE BLONDE, LOCHE DES ÉVIERS, DES CAVES.

> Var. *B.* Jaune très-pâle.
> *C.* Brunâtre, taches brun clair.
> *D.* Major.

HABITE : les caves, les trous des éviers, les tuyaux d'écoulement, l'intérieur des puits et des fontaines, etc.

Répandue mais moins commune que les précédentes. Trouvée à Bordeaux, Lormont, Plassac, Cambes, etc.; Talence, le Bouscat, Caudéran, Saint-Médard, etc.

8. 5. L. CENDRÉE, *L. maximus.*

> *Limax maximus* Linn. Syst. nat. Édit. 10e. 1758.
> *Lim. cinereus* Mull. Verm. Hist. 11. 1774.
> *Limacella parma* Brard. Coq. Paris, 1815. p. 110. pl. 4. fig. 1-2-
> 9-10.
> *Lim. antiquorum* Fér. Hist Moll. 1819. p. 68. pl. 4.

Var. *B. punctata.* Bronze avec des bandes noires interrompues.

HABITE : Le type, un peu partout : dans les cours humides, les jardins cultivés; les bois, dans les troncs creux des vieux arbres; Bordeaux, Libourne, etc.

La variété, sur la route de Paris, à Cenon, dans le petit vallon qui la borde (M. Des Moulins.)

Genre III. — TESTACELLE, *TESTACELLA.*

> *Testacella* Cuv. Tabl. 5. 1800, in Anat., comp. 1, 1805, ad calcem.
> *Testacellus* Faure-Big., Bull. Soc. Philom., nº 64, 1802, p. 98.

ANIMAL : allongé, cylindriforme, acuminé à chaque extrémité ; cuirasse nulle; tête assez distincte, sans mâchoire, munie de quatre tentacules rétractiles, dont les postérieurs, qui sont les plus longs, ont des boutons oculiformes; pied long et peu distinct; cavité pulmonaire située au quart postérieur de la longueur; son orifice tout-à-fait en arrière, sous le côté droit de la coquille; celui de l'anus en est très-voisin; les organes de la génération réunis montrant leur orifice, près et en arrière du grand tentacule droit.

COQUILLE : extérieure, solide, auriforme, déprimée ou convexe, à spire plus ou moins saillante, ayant une ouverture très-grande et ovale; le bord droit simple et tranchant, le gauche renflé et réfléchi ; elle recouvre la partie postérieure de la cavité pulmonaire.

Les Testacelles vivent dans la terre, où elles poursuivent les lombrics.

9. 1. T. ORMIER, *T. haliotidea*.

Testacella haliotidea Drap., Tabl. Moll., p. 99. 1801.

T. europœa de Roissy, t. 5. p. 252. 1805.

Helix subterranea Lafon du Cujula. Statist. de Lot-et-Garonne, p. 143. 1806.

Testacella Galliœ Oken. Lehrb. Nat. III. p. 212. 1815.

Testacellus haliotideus Fér. Hist. gén. p. 94, 1819.

Var. *B. elongata* Gass. et Fisch.

Var. *C. sulfurea* Nob., jaune de soufre.

HABITE : les jardins cultivés, les champs, les bordures des bois, les vignes, extrêmement répandue et commune dans toute la Gironde. Le type à Cambes, Créon, la Bénauge, La Réole, etc. La var. *B.* à Caudéran, Bordeaux, le Bouscat, etc. La var. *C.* à Cadillac (M. Bareyre).

10. 2. T. DE MAUGÉ, *T. Maugei*.

Testacella haliotoides Lamk. Syst. anim. sans vert. p. 96. 1801.

T. haliotidea Ledru. (Voy. à Ténérif. 1810)

Testacellus Maugei Fér. Hist. Nat. gén. p. 94. pl. 8. fig. 10-12.

Testacella Maugei Desh. Dict. class. nat. t. 16 p. 179. 1830.

Var. *B. griseo-nigrescens* Gass. et Fisch.

    C. roseo-fulvescens   id.

    D. griseo-fulvescens   id.

    E. griseo-rubescens Fér.

    F. albina Gass. et Fisch.

2

HABITE : dans les vieux jardins potagers de Bordeaux ; commune aux allées des Noyers ; à Blanquefort ; à Gradignan, à Pessac, à Saint-Médard, dans les terrains siliceux (1).

Famille II. — COLIMACÉS.

COLIMACÉS (excl. *Helicina*) Lamk. , Phil. zool. 1809. t. 1. p. 320.

ANIMAL à tortillon spiral, manteau large, entourant le cou, pouvant contenir dans la coquille ; quatre tentacules rétractiles ; mâchoire pectinée ou en bec ; pied distinct du corps ; orifice anal au côté droit du cou, rarement à gauche ; orifice respiratoire tout près ; organes reproducteurs à orifice commun, au côté droit, rarement à gauche.

COQUILLE spirale , affectant toutes les formes , recouvrant en entier le corps de l'animal.

Genre IV. — VITRINE , *VITRINA*.

Helix (partim). Mull. Verm. Hist. t. 2. 1774. p. 15.

Vitrina Drap. Tabl. Moll. 1801, p. 33.

Helico-Limax (partim) Fér. père. Exp. Syst. conch. in Mém. Soc. émul. Paris 1801. p. 390.

Vitrinus Montf. Conch. syst. t. 2. 1810. p. 239.

ANIMAL : allongé , demi-cylindrique , ayant un petit tortillon , un collier charnu cernant le cou et fournissant en avant une sorte d'appendice qui s'étend sur lui en forme de cuirasse, et quelques autres appendices linguiformes rétractiles , capables de recouvrir presque toute la coquille ; quatre tentacules cylindriques et rétractiles ; les deux supérieurs oculés au sommet ; pied séparé du corps par un petit sillon ; orifice de la cavité pulmonaire à droite sur le collier, à la naissance de la cuirasse ; organes de la génération réunis, ayant leur orifice près du tentacule droit, quelquefois un pore muqueux à la partie postérieure.

COQUILLE : dextre très-petite, spirale , mince , transparente et fragile, croissant rapidement dans le sens horizontal ; spire courte , le dernier tour très-grand ; ouverture ample avec une columelle solide, spirale , se

---

(1) Voir, pour les détails des mœurs, de l'anatomie , etc. , notre *Monographie du genre Testacelle*, par J.-B. Gassies et P. Fischer , dans les *Actes de la Société Linnéenne de Bordeaux* , 3me série , 21 vol p. 195-248, pl. 2-3, 1856 , et à part , chez Baillière, rue Hautefeuille, 19, à Paris.

confondant presque toujours avec le tour de l'ouverture. Épiphragme mince, vitreux. Les vitrines habitent les fourrés épais, à l'abri de la grande lumière, sous les feuilles humides.

11. 1. V. DE DRAPARNAUD , *V. major*.

Vitrina pellucida Drap. Tabl. Moll. 1801, non Mull. Gml.
Helicolimax Fér. père, Ess. Méth. conch. 1807. p. 43.
Vitrina Draparnaldi Cuv. Règn. anim. 1817. t. 2. p. 405.
V. major C. Pfeiff. Deutschl. t. 1. 1821. p. 47.
LA TRANSPARENTE Geoff. Coq. Paris.

HABITE : les vieilles haies, sous les feuilles mortes, au Bouscat, Gradignan, Talence, etc.; très-belle au Bouscat.

12. 2. V. ANNULAIRE , *V. annularis*.

Hyalina annularis Stud. syst. Verz. p. 2. 1820.
Helicolimax annularis Fér. Tabl. syst. p. 21, n° 8, Tabl. 9. fig. 7. 1821.
Vit. subglobosa Mich. compt. 1831. p. 10. pl. 15. fig. 18-20.

HABITE : Caudéran, le Bouscat, Eyzines, Saint-Médard, près de Bordeaux, dans les haies, sous les feuilles mortes ; peu commune.

13. 3. V. ALLONGÉE , *V. semilimax*.

Helix semilimax Daudebard de Férussac père, in Naturforsch., 29. st. 1802. p. 236. pl. 1. fig. A-D.
Vitrina elongata Drap. Hist. Moll. 1805. p. 120. pl. 7. fig. 40-42.
Helicolimax elongata Fér. Tabl. syst 1822, p. 25 et Hist. pl. 9. fig. 1.

HABITE : les bois montueux exposés au Nord et à l'Est. Cenon, Lormont, Floirac, Cambes, Camblanes, Castets, etc. — Assez commune.

Genre V. — AMBRETTE , *SUCCINEA*.

Succinea Drap. Tabl. Moll. 1801. p. 32-55.
Amphibulima Lamk. in Ann. Mus. 4. 1805 p. 236.

ANIMAL : gastéropode pulmobranche, ovale allongé, paucispiré, portant sur la tête deux paires de tentacules; les supérieurs oculés au sommet, les inférieurs·très-courts; pied large à bords minces ; organes générateurs réunis; leur orifice en arrière du tentacule inférieur droit; mâchoire cornée en fer de cheval, sans côtes.

Coquille : dextre, ovale, oblongue, très-mince, transparente, ouver-ture ample, entière sans dents ni plis, bord latéral non réfléchi, tran-chant et fragile; columelle lisse, évasée; un épiphragme papyracé.

Les Ambrettes habitent les endroits humides, le long des eaux, sur les plantes aquatiques, les saules, les saliquaires. etc., etc. L'animal ne rentre dans sa coquille que difficilement, et seulement pour hiverner.

C'est à tort qu'on leur a donné le nom d'*amphibies*, leurs habitudes sont essentiellement terrestres : elles périssent dans l'eau, et, si, parfois on les y trouve, ce n'est qu'accidentellement. — Herbivores

14. 1. A. AMPHIBIE, *S. putris.*

Helix putris Linn. Syst. nat. Édit. X. 1758 p. 774.
Succinea amphibia Drap. Tabl. Moll. 1801.

Habite : les lieux humides, le long des ruisseaux, des fleuves, sur les oseraies, les vimières, etc., etc. Très-commune le long de la Garonne, dans les palus de La Souys, Beychevelle (M.-D. Guestier).

15. 2. A. DE Pfeiffer, *S. Pfeifferi.*

Succinea Pfeifferi Rossm. Iconog. t. 1. 1835. p. 96. fig. 46.
Var. *B. major.*
    C. muralis.
    D. ochracea, *Suc. ochracea*, Betta.

Habite : le bord des ruisseaux.

    La var. *B*, Cadillac, Cambes, Langon, etc.; commune.
    La var. *C*, au Bouscat (M. Jaudouin) (1).
    La var. *D*, tous les terrains humides de l'Entre-deux-Mers; les marais de Marcamps, à Fargues, etc.; commune.

Genre VI. — ZONITE, *ZONITES.*

Zonites Montf. Conch. syst. t. 2. 1810. p. 283.
Helix. Sous-genre : *Zonites* Gray. Nat. arrang. Moll. in Méd. Repos. t. 20. 1821. p. 239.

(1) Cette variété a été recueillie fréquemment et toujours à une distance très-grande de lieux humides, contre des murailles nouvellement recrépies.
Le *Suc. oblonga* m'a été donné comme venant de la Réole, mais mort et parmi des espèces du Haut-Languedoc; j'ai cru devoir le laisser dans les espèces douteuses.

Animal : allongé , pouvant être contenu en entier dans sa coquille.
Mâchoire arquée sans côtes , ni dents , à bords plus ou moins rostri-
formes.

Coquille : dextre, subdéprimée, rarement globuleuse ou conique, très-
mince, plus ou moins transparente, à spire courte et à dernier tour plus
ou moins grand ; ombilic plus ou moins ouvert , fermé quelquefois ; ouverture oblique , semi-lunaire presque toujours échancrée par l'avant-
dernier tour , point de dents ; péristome mince , ni bordé , ni réfléchi ,
tranchant, discontinu. Épiphragme excessivement mince ; manquant
chez la plupart.

Les Zonites habitent les endroits très-humides, loin de la lumière, dans
la terre, sous l'humus des bois, etc., etc. Omnivores, mais surtout carnassières , vivant de matières fraîches et putréfiées , attaquant les autres
mollusques.

Leur peau dégage une odeur alliacée très-nauséabonde.

16. 1. Z. cellerière , *Z. cellarius.*

> *Helix cellaria* Mull. Verm. Hist. t. 2. 1774.
> Var. *B. pallida*, blond pâle.
> Var. *C. planorbis*, monst.
> Var. *D. sylvestris* , Gass.

Habite : les caves, les éviers rustiques, les jardins, sous tous les débris, vit de matières en putréfaction ; commune dans toute la Gironde.

Obs. La var. *D.* est celle que nous avons donnée comme var. *sylvestris*
Moll. de l'Agenais, p. 137 Est-ce l'*Alliaria*. Mill. ? Elle habite les bois mon-
tueux, situés au Nord et à l'Est, sous les mousses, au pied des arbres ; Cambes,
Floirac , La Souys , Castets , St-Émilion ; n'est pas commune.

17. 3. Z. luisante , *Z. nitidus.*

> *Helix nitida* Mull. Verm. Hist. t. 2. 1774. p. 32. non Gmel. nec.
> Drap. Hist.
> *H. lucida* Drap. Hist. Moll. 1805. p. 103. non Drap. Tabl.

Habite : les oseraies des palus, le long des fleuves, des rivières, sous
les feuilles de saule et l'herbe humide ; très-commune en Queyries, près
Bordeaux , à Cadillac, Langoiran ; à Libourne , sur la Dordogne, Saint-
André , etc., etc.

18. 4. Z. BRILLANTE, Z. *nitens.*

Helix nitens ? Gmel. Syst. nat 1788. p. 36-33.
Helix nitens Mich. Comp. p. 44. pl. 15, fig. 1-3. 1831.
Var. *B. albina*, presque blanche.
HABITE : les bois montueux et humides sous les feuilles de chêne tombées, dans la terre où elle est presque toujours enfoncée ; sous les débris calcaires, etc., à Lamothe, près Latresne, à Fargues, à la Réole, Cenon, Floirac. — Rare.

19. 5. Z. NITIDULE, Z. *nitidulus.*

Helix nitidula Drap. Hist. Moll. 1805. p. 117.
HABITE : trouvée vivante à Camblanes dans un bois très-élevé ; à Cenon, chez M. Coupat ; Lestonnac, Saint-Caprais (M Des Moulins) ; morte, à Saint-Émilion ; les alluvions de la Garonne. — Rare.

20. 6. Z. CRISTALLINE, Z. *crystallinus.*

Helix crystallina Mull. Verm. Hist. t. 2. 1744. p. 23.
HABITE : les oseraies humides, les berges des ruisseaux sous les touffes d'herbes, loin de la grande lumière ; Cadillac, Ile Saint-Georges, Bègles, Saint-André, etc. — Commune dans les alluvions des divers cours d'eau.

21 7. [Z. HYDATINE, Z. *hydatinus.*

Helix hydatina Rossm. Iconog. VII. 1838. p. 36 fig. 529.
HABITE : les alluvions de la Garonne, à Bègles, Langon, La Réole. — Rare.

22. 8. Z. STRIÉE, Z. *striatulus.*

Helix striatula Gray. in Med. Repos. XV. 1821.
H. nitidula, var. *B.* Drap. Hist. Moll. 1805. p. 117. pl. 8. fig. 19-21.
H. radiatula Ald. Cat. 1830. p. 12.
HABITE : sous les touffes des mousses à Arcachon (M. Souverbie), à La Teste (M. Durieu). — Rare.

23. 9. Z. FAUVE, Z. *fulvus.*

Helix fulva Mull. Verm. Hist. t. 2. 1774. p. 56.
HABITE : sous les pierres, les feuilles et les débris humides voisins des ruisseaux, des rivières et des marais. Au Chantier du Roi, en Paludate, (M. Jaudouin) ; à Bègles, en Queyries, la Souys, près Bordeaux ; les bords

de l'Isle, au bas de Saint-Émilion ; à Cadillac, Langoiran, Langon, Castets, La Réole, à La Teste, Arcachon (M. Souverbie), à Factures. — Peu
commune.

24. 10. **Z.** des olivettes , *Z. olivetorum.*

> *Helix olivetorum* Gmel. Syst. nat. 1788 p. 36-39.
> *H. incerta* Drap. Hist, Moll. 1805. p. 109, pl. 13, fig. 8-9.

Habite : les bois, au Nord et à l'Est, au pied des vieux arbres, presque toujours dans la terre ; La Réole, la Bénauge, Brannes. — Assez
rare ; ses œufs sont plus gros que ceux de ses congénères de la Gironde.

Genre VII. — HELIX.

> *Helix* (partim) Linn. Syst. nat. Édit. X. t. 1. p. 768. 1758.
> *Helix et carocolla* Lam. Anim, sans vest. VI, t. 2. 1822. p. 62-94.
> *Helix* et *Zonites* Gray. in Turt. Shells. Brit. 1840. p. 110-125-164.

Animal : de forme variable , demi-cylindrique, muni d'un tortillon
très-grand ; collier charnu, fermant exactement la coquille , et portant
quelques appendices courts ; tête assez distincte ; bouche fendue en long,
pourvue de chaque côté d'un lobe charnu, et en dehors d'une masse linguale et d'une pièce supérieure , dentée et propre à la mastication ; quatre tentacules rétractiles, renflés en bouton à leur sommet, les supérieurs
étant les plus longs et oculés ; pied grand et oblong allongé ; orifice de
la cavité pulmonaire à droite, sur le collier ; anus tout à côté et un peu
plus à droite ; organes de la génération réunis et ayant leur orifice près
du tentacule doit postérieur.

Coquille : dextre, quelquefois sénestre, très-variable dans sa forme et
ses couleurs, orbiculaire , globuleuse, conique ou carénée, quelquefois
planorbique et discoïde, à sommet arrondi, comprimé en mamelon ou
semi-lunaire ; péristome discontinu , échancré par l'avant-dernier tour,
rarement continu ; quelquefois denté.

Les Hélices habitent les bois, les champs , les plaines et les côteaux,
principalement les terrains calcaires. — Omnivores.

25. 1. **H.** lampe , *H. lapicida.*

> *Helix lapicida* Linn. Syst. nat. Édit. X. 1758. t. 1. p. 768.
> *Carocolla lapicida* Lamk. an. sans vert. VI. t. 2. 1822. p. 69.
> La Lampe Geoffr. Coq. Paris.
> Var. *B. minor.*

HABITE : les endroits ombragés, se cache sous les pierres, monte sur les arbres pendant la nuit. — Très-commune au Bouscat, Caudéran, Talence, Gradignan, La Souys, les côteaux entourant Bordeaux et tout le département.

26. 2. H. ÉLÉGANTE, *H. terrestris.*

Trochus terrestris Penn. Brit. zool. 1744. p. 127. pl. 80. fig. 108.
Helix elegans Drap. Tabl. Moll. 1801. p. 70.
Carocolla elegans Lamk. An. sans vert. VI. 2me part. p. 100.
H. terrestris.

HABITE : Lescure, près la Chartreuse (MM. Souverbie, Fischer et Guestier), Floirac et Mérignac (M. Des Moulins).

27. 3. H. PYGMÉE, *H. pygmœa.*

Helix pygmœa Drap. Tabl. Moll. p. 93. et Hist. pl. VIII. fig. 8-10.

HABITE : les terrains siliceux des Landes dans les vieilles haies, sous les feuilles pourries des chênes et des platanes, à Caudéran, le Bouscat, Mérignac, Saint-Médard-en-Jalle, Facture, le Teich, Arcachon. — Trouvée également à Saint-Émilion et à Plassac dans des bois assez élevés et calcaires.

28. 4. H. BOUTON, *H. rotundata.*

Helix rotundata Mull. Verm. Hist. II. p. 20.
LE BOUTON, Geoffroy. Hist. Coq. Paris.

HABITE : très-commune partout et à toutes les expositions, sous les débris de pierrailles; tout le département.

29. 5. PLANORBE, *H. obvoluta.*

Helix obvoluta Mull. Verm. Hist. II. 1774. p. 3641.
H. trigonophora Lamk. in Journ. Hist. nat. 1792. II. p. 349. pl. 42. fig. 27-28.
LA VELOUTÉE à bouche triangulaire Geoffr. Hist. Coq. Paris.

HABITE : les bois humides et calcaires, Sainte-Croix-du-Mont (MM. Durieu et Jouannet), Verdelais, Cambes, Camblanes, Langoiran, Cenon, Floirac, près Bordeaux, Saint-Émilion, Fargues, etc. — Répandue, commune nulle part.

30. 6. H. CORNÉE, *H. cornea.*

Helix cornea Drap. Tabl. Moll. 1801. p. 89 et Hist. pl. 8. fig. 1-3.

Var. *B. squammatina* Mar. de Serres ; à têt brun sans fascies.

Var. *C. albolabris*. Nob.

Var. *D. scalaris*. Nob.

HABITE : les côteaux élevés, dans les bois, les vieux murs, au pied des rochers, etc. — Commune à Cambes, Baurech, Langoiran, Verdelais, Sainte-Croix-du-Mont, Cenon, etc., Blaye, Saint-Caprais.

31. 7. **H.** MIGNONNE , *H. pulchella.*

> *Helix pulchella* Mull. Verm. Hist. II. 1774. p. 31.
>
> Var. *A. lævigata*, *Hel. pulchella* Mull.
>
> Var. *B. costata*, *H. costata* Mull. loc. cit. p. 30.

HABITE : sous les pierres dans les endroits voisins des cours d'eau, à la Bastide, à Bègles, Paludate, Gradignan, Caudéran, etc. — Très-commune.

32. 8. **H.** NEMORALE , *H. nemoralis.*

> *H. nemoralis* Linn. Syst. nat. Édit. X⁰. 1758. 1. p. 773.
>
> *H. hortensis* Mull. Verm. Hist. II. 1774. p. 52.
>
> Nom vulgaire : DEMOISELLE.

Var. *A. quinquefasciata.*

Var. *B. quadrifasciata.*

Var. *C. trifasciata.*

Var. *D. bifasciata.*

Var. *E. unifasciata.*

Var. *F. luteola.*

Var. *G. rufa.*

Var. *H. olivacea.*

Var. *I. castanea.*

Var. *J. translucida.*

Var. *K. sinistrorsa.*

Var. *L. scalaris.*

Je n'indique que les variétés principales, car ces Mollusques forment des séries nombreuses de variations sans importance, depuis le blanc pur de porcelaine jusqu'au marron très-foncé, avec bandes nombreuses, avec une seule, unicolore, bandes continues ou interrompues, etc.

Il en est de la taille comme de la couleur, tantôt l'*Helix nemoralis* à péristome noir est fort petit ; tandis que l'*H. nemoralis* à péristome blanc est très-grand. Il y en a de coniques, globuleuses et déprimées ; les unes ont un péristome très-blanc, d'autres très-noir et d'autres roussâtre ou à peine coloré de rose.

L'accouplement a lieu de la façon la plus naturelle ; la reproduction est exactement la même pour les deux variétés principales *nemoralis* et *hortensis*, et je suis à me demander comment, à notre époque, des esprits sérieux ont pu les séparer encore.

HABITE : les jardins, les bois, les prairies presque partout, la variété *nemoralis* plus commune dans les terrains calcaires de la rive droite de la Garonne, la var. *hortensis* sur la rive gauche dans les terrains siliceux. — Très-communes toutes deux. Édules.

Je connais quatre individus d'*H. nemoralis* sénestre :

1 chez M. Lambertye, à Caudéran,
1 chez M. Coudert, — trouvé au Bouscat,
1 chez M. D. Guestier, — trouvé à Floirac,
1 chez M. Des Moulins, — trouvé à Bouliac.

La var. *scalaris* a été trouvée à Langoiran, par M. Jaudouin.

33. 9. H. CHAGRINÉE, *H. aspersa.*

Hel. aspersa Mull. Verm. Hist. II. 1774. p. 59.

LE JARDINIER, Geoffr. Hist. Coq. Paris.

Nom vulgaire : CAGOUILLE.

Var. *B. grisea.*
Var. *C. lutea.*
Var. *D. translucida.*
Var. *E. conica.*
Var. *F. subscalaris.*
Var. *G. scalaris.*
Var. *H. sinistrorsa.*
Var. *I. corniformis.*

HABITE : partout et dans tous les terrains ; la var. *grisea*, à Caudéran, chez M. Cabrit, rare. — La var. *lutea* commune à Mérignac, sous les lierres. La var. *translucida*, à Arcachon ; la var. *conica*, à Fargues, Sainte-Croix-du-Mont, etc. La var. *subscalaris*, au Bouscat, à Plassac. La var. *scalaris*, à Caudéran, au Bouscat. La var. *corniformis*, chez M. de Blavignac., chemin de Pessac (communiq. M. Laporte fils.) La var. *sinistrorsa*, à Vimeney, près Floirac (M. Des Moulins). Édule.

J'ai obtenu plusieurs individus scalaires dans une ponte de deux Hélices chagrinées ; j'en conserve un parfaitement adulte de la var. *lutea*
dans ma collection.

Obs. Cette espèce, lorsqu'elle naît au printemps, cause de grands ravages
aux jeunes bourgeons des vignes. L'animal est d'autant plus vorace qu'il est
plus jeune.

On occupe un nombre considérable de femmes pour détruire ces Mollusques que l'on écrase sur les routes après en avoir donné à dévorer aux
canards. Les navires en partance pour les voyages au long-cours chargent
jusqu'à 7 et 8 mille *Hel. aspersa*, venant presque tous de la commune de
Caudéran, qui en est infestée.

Le jour des Cendres, on fait, dans ce bourg, une grande consommation de
cette Hélice qui semble par cela inaugurer le Carême par sa chair maigre, peu
substantielle et très-indigeste. Des marchandes stationnent sur les marchés
avec de grands mannequins remplis d'*H. nemoralis* et *aspersa*, mais en don-
nant la préférence à cette dernière ; le cent vaut en moyenne 25 c.

34. 10. H. HÉRISSÉE , *H. aculeata.*

Helix aculeata Mull. Verm. Hist. II. 1774. p. 81.

HABITE : les bois élevés, humides, sous les mousses, les feuilles mortes , etc. — Rare et difficile à trouver.

Lormont, dans les vallées étroites appelées *garosses*, Cenon, Floirac,
Cambes, Sainte-Croix-du-Mont, Arcachon (M. Souverbie).

35. 11. H. RUPESTRE , *H. rupestris.*

HABITE : Camblanes, sous les débris de pierrailles d'un mur de
clôture au nord. Rare ; Saint-Émilion, rare.

36. 12. H. MARGINÉE , *H. limbata.*

Helix limbata Drap. Hist. Moll. 1805. p. 100. pl. VI. fig. 29.
Var. *B. brunea.*
Var. *C. carinata*, *H. cinctella* (Des Moulins in Cat. p. 47. n° 6.)

HABITE : les côteaux, les plaines, dans les haies d'aubépine, les bois.
Très-commune. La var. *carinata* se trouve dans la plupart des jardins,
des allées des noyers à Bordeaux. Sa carène aigue et son péristome moins
épais l'avaient fait prendre pour l'*Hel. cinctella*, espèce du Midi de la
France et de l'Italie méditerranéenne.

37. 13. H. DOUTEUSE , *H. incarnata.*

Syn. *Helix incarnata* Mull. Verm. Hist. II. 1774. p. 63.

HABITE : sur les frênes qui bordent la Dordogne, à Saint-André-de-Cubzac, (M. Des Moulins), Sainte-Foy, Bazas. — Rare.

38. 14. H. CHARTREUSE , *H. carthusiana.*

Helix carthusiana Mull. Verm. Hist. 11. 1775. p. 15.

H. carthusianella Drap. Tabl. Moll. 1801. p. 86. et Hist. pl. 6. fig. 31-32.

Var. *B. major.*

    C. minor, H. Olivieri, minor Fér. tabl. syst. 1822. pl. 47.

    D. rufilabris, H. rufilabris Jeffr. in trans. Linn. XVI. 1820. pl. XIV. fig. 25-26.

    E. sinistrorsa.

HABITE : Le type, les champs calcaires, à Fargues, Créon, Castillon, Saint-Émilion, Cambes, Sainte-Croix-du-Mont, etc.

La var. *B.*, Caudéran, Talence, Gradignan.

La var. *C.*, Plassac, Blaye, Étauliers.

La var. *D.*, les landes de Pessac, Factures, la Mothe.

La var. *E.*, trouvée deux fois : la première au Bouscat, ouest, nord-ouest de Bordeaux; la deuxième à Talence, au sud , par M. Jaudouin.

39. 15. H. PUBESCENTE , *H. sericea.*

Syn. *Helix sericea* Drap. tabl. Moll. p. 85. et Hist 1801. pl. 7. fig. 16-17.

HABITE : Vimeney, près Floirac, Carbonnieux (M. Des Moulins in coll.) — Rare.

40. 16. H. RÉVÉLÉE , *H. revelata.*

Syn. *Helix revelata* Fér. Prod. p. 44 , n° 273, 1822.

    H. revelata Mich. Comp. 1831. p. 27. pl. 15. fig. 6-8.

    H. ponentina Morel. Moll. Port. 1845. p. 65. pl. VI. fig. 4.

    H. occidentalis Recluz in Rev. Zool. 1845. p. 311. Rossm. Icon. fig. 827.

    H. lisbonensis L. Pfeiff. Symb. III. 1846. p 68.

HABITE : Les terrains siliceux des environs de Bordeaux, au pied des vieux murs, dans les herbes, la mousse; sort le soir ou pendant les jours pluvieux; assez commune à Léognan (Fischer), Mérignac, Factures, la Teste; moins abondante à Caudéran, le Bouscat, etc. ; manque complètement sur la rive droite de la Garonne.

Cette espèce est bien le véritable *H. revelata* de Férussac. Je l'ai comparé dans la collection de M. de Trenquelléon et sur les cartons du Muséum de Paris. Ce Mollusque a souvent été pris pour l'espèce précédente, avec laquelle il a quelques légers rapports.

M. l'abbé Dupuy, d'après l'opinion même de M. Morelet, avait reconnu dans l'*H. revelata*, de Mont-de-Marsan, l'*H. ponentina* de cet auteur, qui vit en Portugal. Moi-même, ayant trouvé cette espèce dans les landes de l'Agenais, à Saint-Julien-de-Fargues, je la décrivis, pages 91-92, sous la même appellation; mais plus tard, ayant trouvé ce Mollusque en assez grande quantité, à Mérignac, je pus mieux l'étudier et je reconnus alors que c'était bien le type de Férussac.

Lorsque les individus du Portugal sont adultes, ils acquièrent plus de poids, et leur péristome est très-épais; il n'en est pas ainsi des nôtres qui sont toujours minces et avec un péristome à peine bordé. Ils ressemblent alors beaucoup aux jeunes *ponentina* du Portugal.

41. 17. H. HISPIDE, *H. hispida.*

> Linn. Syst. nat. Édit. X^e, 1758, I. p. 771.
>
> LA VELOUTÉE, Geoff.
>
> Var. *B.*, *minor*
>> *C.*, *depressa.*

HABITE : Très-commune dans tout le bordelais, dans les jardins, les bords des ruisseaux, les oseraies, etc.

La var. *B*, à Gradignan.

La var. *C*, Bègles, Paludate, etc.

42. 18. H. UNIFASCIÉE, *H. unifasciata.*

> *H. unifasciata* Poiret. Prodr. 1801. Avril. p. 81.
>
> *H. bidentata* Drap. Tab. Moll. 1801. Juillet. p. 85.
>
> *H. striata* var. Drap. Hist. Moll. 1805. p. 106. pl. VI. fig. 21.
>
> *H. candidula* Stud. Kurz. Verzeich. 1820 p. 87.
>
> *H. rugosiuscula* Mich. Compl. 1831. p. 14. pl. 15. fig. 11-14.
>
> Var. *B.*, *fasciata*, *H. candidula.*
>> *C.*, *grisea*, *H. rugosiuscula.*
>> *D.*, *vinosa.* Nob.

HABITE : la var. *B*, à Pauillac (M. Des Moulins, in Sched), les var. *C* et *D* dans les prairies des bords de la Garonne, à Portets, Preignac, Langon, Cambes, Cadillac, etc., les bords de la Dordogne et de l'Isle, etc.

43. 19. H. STRIÉE , *H. fasciolata*.

H. fasciolata Poir. Prodr. 1801. Avril. p. 79.
H. striata Drap. Tab. Moll. 1801. Juillet. p. 91.
H. caperata Mont. Test. Brit. 1803. p. 433. pl. 2. fig. 2.
Var. *B. fasciata*.
    C. unicolor.
    D. Gigaxii, H. Gigaxii, Charp.

HABITE : les rochers calcaires, les friches, à Créon, Brannes, Fargues, Saint-Émilion, Blaye, Floirac, Langoiran, la Réole. Manque sur la rive gauche de la Garonne.

44. 20. H. INTERROMPUE , *H. intersecta*.

H. intersecta Poiret, Prodr. 1801, Avril p. 81 , Mich. Compt.
    pl. 14. fig. 33-34.
H. striata var. β Drap. Hist. Moll. 1805. p. 106.
Var. *B. violacea*.
    C. zonata Nob.

HABITE : la rive gauche de la Garonne, où elle remplace l'*H. fasciolata;* elle est surtout très-belle et très-conique à Caudéran et à Saint-Médard. C'est dans ces localités que se trouve la var. *zonata*, qui a une ou deux bandes non interrompues, noires sur un fond blanc. — Très-commune, à Mérignac, au Bouscat, au Vigean, etc., etc.

Je ne m'étendrai pas sur les différences spécifiques que présentent les deux espèces, *fasciolata, intersecta* que quelques auteurs réunissent; des essais d'accouplement ont toujours échoué.

45. 21. H. RUBAN, *H. ericetorum*.

Helix ericetorum Mull. Verm. Hist. II. 1774. p. 33. (excl. α).
LE GRAND RUBAN , Geoff. Coq. Paris.
Var. *B. minor*.

HABITE : Les pelouses et les friches des côteaux élevés, le type à Cambes, Langoiran, Sainte-Croix-du-Mont, Cauderot, Gironde, la Réole; commun. — La var. *B.* à Cenon, Lormont, Floirac, Bassens, Blaye, Fargues, etc., etc., très-commune.

46. 22. H. DES GAZONS , *H. cespitum*.

H. cespitum Drap. Tabl. Moll. 1801. p. 92 et Hist. pl. VI. fig. 14-15.
H. ericetorum, α, Mull. Verm. Hist. II. 1774. p. 33.

Habite : Les friches arides, dans les touffes de bruyères et d'esparcette. — A Créon, Marcamps, Cubzac, Saint-Émilion.

Les différences spécifiques entre ces deux espèces résultent chez la première dans un ombilic très-ouvert, une spire très-plane ; tandis que chez la deuxième, l'ouverture est ronde, la spire élevée et l'ombilic plus étroit.

47. 23. H. de Pise, *H. pisana.*

> *H. pisana* Mull. Verm. Hist. II. 1774. p. 60.
> *H. rhodostoma* Drap. Tabl. Moll. 1801. p. 74.
> Var. *B. fasciata interrupta.*
>   *C. fasciata translucida.*
>   *D. unicolor.*
>   *E. carinata.*

Habite : Tous les terrains de la Gironde, dans les jardins, les haies, les vignes, les bois, les plaines et les côteaux.

> Le type partout.
> La var. *B.*   id.
> La var. *C.* Arcachon, la Teste.
> La var. *D.* Caudéran, Mérignac, le Bouscat, etc., etc., une sous variété plus épaisse, à Marcamps.
> La var. *E.* à Floirac, Fargues etc. Edule.

48. 24. H. variable. *H. variabilis.*

> *H. variabilis* Drap. Tabl. Moll. 1801. p. 73. — Var. *e. submaritimam*, Des Moul. Suppl. 1829. p. 216.
> Var. *B. discus.*
>   *C. conica*
>   *D. depressa.*
>   *E. submaritimam.*
>   *F. picturata.*
>   *G. alba.*
>   *H. nigra.*
>   *I. cinerea.*
>   *J. scalaris.*

Habite : indifféremment tous les terrains élevés ou bas, calcaires ou siliceux. Quelquefois très-petite, d'autres fois acquérant un grand développement, enfin comme son nom l'indique extrêmement variable.

Des individus de la var. *B.* forment le passage de cette espèce à l'*H. ericetorum*, tandis que la var. *C* ressemble à l'*H. maritima* Drap.

Comme coloration, cette espèce varie beaucoup; j'en ai d'un blanc pur et d'autres toutes noires; mais la variété la plus belle est celle qui se trouve aux environs de Caudéran, Mérignac, etc., la var. *picturata.* Certains individus sont zébrés de blanc et de brun, d'autres sont pointillés de rougeâtre sur blanc; enfin il en est qui sont entourés de bandes chocolat interrompues de blanc comme des coquilles marines du genre Cadran *(solarium).* Les var. *C, G,* partout; *B, D,* dans les jardins, contre les vieux murs; *F, G, H,* Mérignac, Caudéran, le Bouscat, St-Médard-en-Jalle; *E,* Pauillac, Royan; *I,* Caudéran; *J,* Arcachon (Fischer).

Genre 8. — BULIME, *BULIMUS.*

Bulimus, Scopoli, Intr. ad. hist. nat. 1777, p. 392.

Bulimus, Stud. Kurz. Verzeinch., 1820, p. 88; non Adans.

ANIMAL limaciforme, rampant sur un pied elliptique allongé; collier charnu entourant le cou, tête en forme de muffle; quatre tentacules dont les deux supérieurs plus grands et oculés au sommet. — Génération androgyne.

Coquille turriculée, lisse ou légèrement striée, épidermée; ouverture plus haute que large, ovale, entière, lisse, avec ou sans plis; columelle entière ou tronquée, un épiphragme calcaire, papyracé ou vitreux.

HABITENT : les lieux ombragés, humides, élévés et bas; quelquefois les bordures des plateaux sous la terre friable.

1re SECTION. — BULIMUS.

49. 1. B. OBSCUR, *B. obscurus.*

Helix obscura Mull. Verm. hist. 1774, II, p. 103.

Bulimus obscurus Drap. Tabl. Moll. 1801, p. 65; non Poir.

HABITE : sous les gazons pierreux et siliceux, plus commune sous les premiers; répandue partout, jamais abondante aux mêmes lieux; Caudéran, Eyzines, St-Médard-en-Jalle, Mérignac, Gradignan, Talence, Bègles, Bouscat, Floirac, Cambes, Blaye, Fargues, Beychevelle, Pauillac.

50. 2. B. TRIDENTÉ, *B. tridens.*

H. tridens Mull. Verm. hist. 1774, II, p. 106.

Bulimus tridens Brug. Encycl. vers 1792, II, p. 350.

Pupa tridens Drap. Tabl. Moll. 1801, p. 60.

Pupa tridentata Brard. Coq. Paris, 1815, p. 88, pl. 3, fig. 2.

HABITE : les terrains plutôt siliceux que calcaires de la plaine; commune sous les haies d'aubépine, au chemin de la Vache, près du Bouscat; à Blanquefort sur les talus des Jardins; au Vigean, sous les feuilles de platanes, des haies. Je n'ai jamais rencontré cette espèce sur les hauteurs, mais toujours dans les basses plaines; elle est difficile à trouver à cause de ses habitudes souterraines; mais après une pluie chaude du printemps, elle fourmille sous les plantes et les feuilles.

51. 3. B. QUADRIDENTÉ, *B. quadridens*.

Helix quadridens Mull. Verm. Hist. 1774, II, p. 107.

Bulimus quadridens Brug. Encycl. 1792, vers. p. 3680.

Pupa quadridens Drap. Tabl. Moll. 1801, p. 60.

Var. *B. minor*.

HABITE : les rochers calcaires, au Sud et Sud-Ouest, sous les débris de pierres, paraît vivre de mousses et de lichens; le type à la Réole, la Bénauge, rare; les alluvions de la Garonne, à Bordeaux; la var. *B.* à Créon, à Pompignac, rare.

52. 4. B. VENTRU, *B. ventricosus*.

Bul. ventricosus Drap. Tabl. Moll. 1801, p. 68 et Hist. pl. 4, fig. 31-32.

Helix ventrosus, Fér. Tabl. Syst. 1822, p. 56.

HABITE : trouvé en 1853, à Abzac, près Coutras, par M. Souverbie, directeur du Musée d'Histoire naturelle de Bordeaux. — Assez abondant.

53. 5. B. AIGU, *Bul. acutus*.

Helix acuta Mull. Verm. Hist. 1774, p. 100.

Bulimus acutus Brug. Encycl. VI, 1, 1789, p. 323.

Bul. articulatus Lamk. An. sans vert. 1822.

Var. *B. fasciata*.

C. *articulata*, B. *articulatus* Lamk. *maritima* M. Des Moulins.

HABITE : les terrains siliceux des environs de Bordeaux, où il est excessivement commun; Caudéran, Bouscat, Vigean, Eysines, le Thil, Saint-Médard-en-Jalle, etc., etc. La var. *C.* Pauillac et tout le littoral crayeux.

Ces deux derniers Bulimes ont été dénombrés de ce genre et ajoutés aux Hélices par M. Moquin-Tandon, à cause de leur mâchoire pectinée

54. 6. B. TRONQUÉ, *B. decollatus.*

Helix decollata Linn. Syst. nat. X^e éd. 1758, I, p. 773.
Bulimus decollatus Brug. Encycl. vers. 1789, I, p. 326.

HABITE : sous la bordure des pentes des rochers calcaires de la rive droite de la Garonne, à Paillet, (feu M. Larrouy) ; à Cadillac, (M. Bareyre); à la Réole, la Bénauge, moins abondant et de moindre taille que dans l'Agenais.

Cette espèce qui vient du Midi, sa véritable patrie, paraît s'arrêter aux roches calcaires de Paillet, car personne ne l'a signalée plus près de Bordeaux. Les individus de la Gironde sont petits, de couleur pâle et tronqués au 3e ou 4e tour de spire. J'en ai élevé et les ai fait reproduire; les petits, nourris exclusivement avec des carottes sont devenus aussi grands que ceux de l'Agenais et ont pris une couleur roussâtre brillante très-agréable.

L'animal est omnivore et ne dédaigne nullement les corps morts des Hélices et des autres Mollusques; sa mâchoire, semblable à celle des Limaces et des Zonites, indique assez ses habitudes; aussi tout lui est bon : plantes fraiches, putréfiées; fruits, viande, soupe, farine, son, fromage, etc. (1).

2e SECTION. — ZUE, *ZUA.*

Leach. British. Moll. 1831, p. 114 ex Turt.

Animal ovovivipare, différant peu des Bulimes ; coquille ovale, allongée, subcylindracée, imperforée; ouverture sans dents, ovale pyriforme, bords unis entr'eux par une lame calleuse ; têt lisse et brillant.

55. 7. B. BRILLANT, *B. subcylindricus.*

Helix subcylindrica Linn. Syst. nat. éd. XII, 2, 1767.
H. lubrica Mull. Verm. Hist. 1774, II, p. 104.
Bullimus lubrica Brug. Encycl. 1789, vers. 1, p. 311.
Zua lubrica Leach, Brit. Moll. p. 114 ex Turt. 1831.
Var. *B. minor.*

HABITE : dans les lieux ombragés, humides, sous les débris de feuilles pourries; le type dans les oseraies, les vimières des bords de la Garonne, de la Dordogne et de l'Isle; très-commun; la var. *B.* sous les

---

(1) Voir mon Essai sur le Bul. tronqué, *Actes Soc. Linn. de Bordeaux*, id. Tabl. des Moll. terr. et d'eau douce de l'Agenais, p. 114-121.

haies, les feuilles de platane, d'aubépine, etc., Caudéran, Mérignac, Gradignan, etc. moins commun que le précédent.

3ᵉ Section. — AZÈQUE. *AZECA.*

Leach. Brit. Moll. 1820.

Animal semblable au précédent : coquille fusiforme, obtuse à ses deux extrémités, imperforée, plissée; ouverture dentée et lamellée, arquée; bords réunis par une mince callosité; sur la paroi aperturale se voit une lame exserte, mince et semi-élastique, qui s'enfonce dans l'intérieur et suit l'enroulement de la spire.

55. 8. B. DE MENKE, *B. Menkeanus.*

> *Carychium Menkeanum*, c. Pfeiff. Deutschl. Moll. 1821, I, p. 70, pl. 3, fig. 12.
> *Papa tridens* Gray. in Ann. phil. 1820, IX. p. 413.
> *Helix Goodalli* Fér. Tabl. Syst. 1822, p. 75.
> *Azeca tridens* Leach, Brit. Moll. p. 122 ex Turt. 1831.
> *Pupa Goodallii* Mich. compt. 1831, p. 67, pl. 15, fig. 39-40.
> *Achatina Goodallii* Rossm. Icon. 1839, IX-X, p. 33, fig. 654.
> *Azeca Nouletiana* Dup. Cat. extramar. 1849, n° 31, et Hist. p. 358, pl. 15, fig. 12.
> Var. *B. Nouletianus* Moq.-Tand.

HABITE : trouvé en 1856 pendant les inondations de Mai, dans les alluvions de la Garonne, à Lormont; très-rare.

Obs. Cette espèce qui se trouve dans les Pyrénées, le Gers et l'Agenais, aura probablement été entraînée par les eaux. Quoique la dent inférieure de la columelle ne soit pas aussi forte que dans le type du Nord, elle existe néanmoins, et c'est à tort qu'on les sépare; l'influence du climat doit seule avoir causé cette légère différence.

4ᵉ Section. — AGATINE, *ACHATINA.*

Achatina Lamk. Syst. anim. sans vert. 1801.

ANIMAL : semblable à celui des Bulimes; coquille ne différant de celle des Bulimes que par une troncature à la base de la columelle.

57. 9. B. AIGUILLETTE, *B. acicula.*

> *Buccinum acicula* Mull. Verm. Hist. 1774, II, p. 150.
> *Bulimus acicula* Brug. Encycl. vers 1789, II, p. 311.

Achatina acicula Lamk. An. sans vert. 1822, VI, p. 133.

Cecilioïdes acicula Beck. Ind. Moll. 1837, p. 79.

Cecilianella Bourgt. Amén. Malac.

HABITE : les vieilles haies d'aubépines, sous les feuilles mortes et humides, à l'exposition Nord, Nord-Est des terrains calcaires, s'enfonce dans la terre meuble, au pied des arbres, dans les creux des vieux troncs des saules, etc. Lormont, Cenon, Plassac, Blaye, Beychevelle; Cenon, Lassouys, la Tresne, etc., sur la rive droite de la Garonne; Langon, Saint-Selve, Castres, Saint-Médard-d'Eyran, Gradignan, Arcachon, etc., rive gauche; très-commun dans les alluvions de tous nos cours d'eau.

Genre IX. — CLAUSILIE, *CLAUSILIA*.

Clausilia Drap. Hist. Moll. 1805, p. 24-29-68.

ANIMAL : grêle, tortillon très-allongé, trachée saillante en tube conique et court qui est reçu dans la gouttière de la columelle.

COQUILLE : sénestre, rarement dextre; sommet grêle et obtus; péristome continu; osselet élastique *(clausilium)* en gouttière, attaché par un pédicule sur la columelle et situé dans l'intérieur de la cavité du dernier tour. Vivant dans les crevasses des arbres, sous les pierres, sous les feuilles, les vieux murs; épiphragme mince, membraneux, irisé.

58. 1. CL. LISSE, *Cl. bidens.*

Helix bidens Mull. Verm. Hist. 1774, II, p. 116.

Bulimus bidens Burg. Encycl. 1792, vers. II, p. 352.

Pupa bidens Drap. Tabl. Moll. 1801, p. 61.

Clausilia bidens Drap. Hist. Moll. 1805, p. 68, pl. 4, fig. 5-7.

Claus. laminata Turt. Brit. Moll. 1831, p. 70.

HABITE : dans le tronc pourri des vieux saules, vit de mousse et de petites mucédinées; commune à Cadillac, Beaurech, Quinsac, Cambes, Langoiran, Langon, la Réole, Lassouys, la Tresne, Floirac, les Queyries, Bassens, etc., etc.

59. 2. CL. NAINE, *Cl. parvula.*

Clausilia parvula Stud. Faunul. Helvét. in Coxe, Trav. Switz. 1789, III, p. 431 (sans caract.)

Claus. rugosa var. G. Drap. Hist. Moll. p. 73, 1805.

Claus. parvula Stud. Rurz. Verzeinch, 1820, p. 89.

Stomodonta parvula Merm. Moll. Pyr. occ. 1843, p. 47.

Var. *B. major.*

HABITE : les rochers calcaires , les vieux murs sous les mousses et les pierrailles. Tous les rochers de la rive droite de la Garonne, Cenon, Floirac, la Tresne , Cambes, Camblanes, etc., Saint-Émilion , Pompignac , Fronsac , etc., etc.; très-commune.

66. 3. CL. RUGUEUSE , *Cl. perversa.*

Helix perversa Mull. Verm. Hist. 1774 , II , p. 118.
Bulimus perversus Brug. Encycl. vers 1789 , II , p. 351.
Clausilia rugosa Drap. Hist. Moll, 1805 , p. 73, pl. 4 , fig. 19-20.
Stomodonta rugosa Merm. Moll. Pyr. occid. 1843 , p. 147.
LA NONPAREILLE , Geoffr. Coq. Paris.

Var. *B. nigricans, Cl. nigricans* Jeffr.

HABITE : sous les pierres , les feuilles mortes des haies , au pied des arbres, des vieilles murailles; très-commune dans toute la Gironde et dans tous les terrains; Cenon , Lormont , Floirac jusqu'à la Réole; Bassens, la Roque , Plassac, Blaye, Beychevelle, Pauillac, Caudéran , le Bouscat, Bègles , etc., etc.

61. 4. CL. DE ROLPH. *Cl. Rolphii.*

Clausilia Rolphii Gray , nat. Arrang. Moll. in Med. repos. XV, 1821, p. 239.
Clausilia ventricosa , var. *A minor* Noulet; Moll. sous. Pyr. 1834 , p. 57.
Cl. dubia , var. *B. inflata* Goup. Moll. Sarthe. 1835 , p. 34 , pl. 2, fig. 4-6.
Stomodonta plicata Merm. Moll. Pyr. occid. 1843 , p. 47.
Cl. Rolphii Gray, Gass. in Act. Soc. Linn. Bord. XVII, p. 436, 1851.

HABITE : les bois calcaires et humides, à l'exposition Nord et Nord-Est , sous les feuilles mortes des chênes, sous les mousses, à la Mothe , près de la Tresne , à Quinsac, Cambes, Sainte-Croix-du-Mont, Fargues, Pompignac; Cenon : assez rare.

Genre X. — BALÉE, *BALÆA.*

Balea Leach , Brit. Moll. 1820.
Pupa (pars) Drap. Tabl. Moll. 1801.
ANIMAL : semblable à celui des Clausilies.

COQUILLE : sénestre, fusiforme, comme les Clausilies, mais sans lame élastique ou clausilium.

62. 1. BALÉE PERVERSE, *B. perversa.*

Turbo perversus Linn. Syst. nat. édit. X^e, 1758, I, p. 767.
Pupa fragilis Drap. Tabl. Moll. 1801, p. 64, et Hist. pl. 4, fig. 4.
Balæa fragilis Prideaux, in Gray, zoo. Journ. I, 1828, p. 61, pl. 4-6.
Stomodonta fragilis Merm. Moll. Pyr. occid. 1843, p. 48.

HABITE : les vieilles murailles, les creux des arbres moussus et les rochers, au Nord, Nord-Est, rarement à l'Ouest. Vit de petites mucédinées; les arbres du Jardin-Public, sur l'écorce des ormes et des tilleuls après la pluie; à Caudéran, Floirac, Mérignac, Castres, Sainte-Croix-du-Mont, Plassac, Blaye, Beychevelle, etc.; commune.

Obs. Le genre *Balæa* a été érigé aux dépens du genre *Pupa* d'après la forme de la coquille qui la fait ressembler aux Clausilies et par l'ouverture qui la rapproche des Bulimes (section des *Macroceramus*).

Genre XI. — MAILLOT, *PUPA.*

Pupa Lamk, Syst. Anim. sans vert. 1801, p. 88.

ANIMAL : semblable à celui des Hélices et des Clausilies; les tentacules plus gros et plus courts; les inférieurs à peine visibles.

COQUILLE : dextre ou sénestre, selon les espèces, cylindracée, fusiforme ou conique, pupiforme, épaisse, sommet obtus, ouverture demi-ovale, dentée ou plissée, ordinairement droite, sub-anguleuse inférieurement, épiphragme membraneux irisé. Même *habitat* que les Clausilies.

63. 1. M. OMBILIQUÉ, *P. cylindracea*

Turbo cyladraceus Da Costa, Test. Brit. 1773, p. 89, pl. 5.
Pupa umbilicata Drap. Tabl. Moll. 1801, p. 58 et Hist. pl. III, fig. 39-40.
Stomodonta umbilicata Merm. Moll. Pyr. occid. 1843, p. 53.
Pupa cylindracea Moq.-Tand. in Act. Soc. Linn. Bord. IV, 1849.
Var B. *major.*

HABITE : tout le Bordelais, sous les pierres, les feuilles mortes, dans les terrains calcaires et siliceux; très-commun partout : les environs de Bordeaux, Caudéran, Gradignan, Langon, Sainte-Croix-du-Mont, jusqu'en Médoc.

64. 2. M. MOUSSERON, *P. muscorum*.

> *Turbo muscorum* Linn. Syst. nat. X^e édit. 1758, I, p. 767.
> *Pupa marginata* Drap. Tabl. 1801, p. 58 et Hist pl. III, fig. 36-38.
> *Stomondata marginata* Merm. Moll. Pyr. occid. 1843, p. 53.
> LE PETIT BARILLET Geoff. Coq. Paris.

HABITE : les vieux murs de clôture, sur les hauteurs et dans la plaine, sous les pierrailles mousseuses des rochers calcaires ; à Plassac, la Roque, le Rigalet, Pauillac, Saint-Émilion, Libourne, Fargues, Floirac, Gironde, Saint-Macaire ; moins commun que le précédent.

65. 3. M. BARILLET, *P. doliolum*.

> *Bulimus doliolum* Brug. Encycl. vers 1792, II, p. 351.
> *Pupa doliolum* Drap. Tabl. Moll. 1801, p. 58 et Hist. pl. III, fig. 41-42.
> LE GRAND BARILLET Geoff. Coq. Paris.
> Var. *B. major*.

HABITE : les roches calcaires, dans les trous, sous les touffes des plantes et les débris pierreux, Lassouys, la Réole, Saint-Macaire, Camblanes, etc.; assez rare, les alluvions de la Garonne et de la Dordogne. Commun.

66. 4. M. GRAIN, *P. granum*.

> *Pupa granum* Drap. Tabl. Moll. p. 50 et Hist. pl. III, fig. 45-46.
> *Stomondata granum* Merm. Moll. Pyr. occid. 1843, p. 52.

HABITE : les rochers secs et pierreux, sous les débris, dans la terre, sous les lichens et les mousses; commun à Saint-Émilion, Floirac, Camblanes, Cambes, Sainte-Croix-du-Mont, la Réole, etc.

67. 5. M. AVOINE, *P. avenacea*.

> *Bulimus avenaceus* Brug. Encycl. VI-II, 1792, p. 355.
> *Pupa avena* Drap. Tabl. Moll. 1801, p. 59 et Hist. p. III, fig. 47-48.
> *Stomodonta avena* Merm. Moll. Pyr. occid. 1843, p. 52.
> LE GRAIN D'AVOINE Geoff. Coq. Paris.

HABITE : les vieux murs rustiques en pierres sèches servant de limite aux propriétés; les fentes et les trous des rochers à Camblanes, Sainte-Croix-du-Mont, Verdelais, etc., etc.; commun.

68. 6. M. SEIGLE, *P. secale*.

> *Pupa secale* Drap. Tabl. Moll. 1801, p. 59 et Hist. pl. 3, fig. 49-50.
> *Stomodonta secale* Merm. Moll. Pyr. occid. 1843, p. 51.

HABITE : les terrains calcaires, à Lassouys, près de Bordeaux (M. Des Moulins), la Bénauge, Pompignac : rare.

69. 7. M. VARIABLE, *P. multidentata.*

Pupa multidentata Oliv. zool. Adriat. 1792, p. 17, pl. 5, fig. 12.
Pupa variabilis Drap. Tabl. Moll. 1801, p. 60 et Hist. pl. III, fig. 55-56.

HABITE : les rochers de Floirac (M. Des Moulins), à Fargues, à Créon :

Genre XII. — VERTIGO, *VERTIGO*.

Vertigo Mull. Verm. Hist. II, 1774, p. 24.

ANIMAL : allongé, demi-cylindrique, ayant un tortillon assez grand et un collier fermant la coquille; deux tentacules seulement, longs, obconiques, rétractiles, arrondis à leur extrémité ; l'orifice pulmonaire sur le collier et à droite, avoisiné par celui de l'anus ; organes de la génération réunis et montrant leur orifice près du tentacule droit.

COQUILLE : cylindrique, très-spirale; volute croissant lentement; cône spiral incomplet; ouverture droite dans la direction de l'axe, courte, souvent dentée; péristome souvent sinueux et réfléchi, dextre ou sénestre.

70. 1. V. DES MOUSSES, *V. muscorum.*

Pupa muscorum Drap. Tabl. Moll. 1801, p. 65.
Pupa minutissima Hartm. in Neue. Alp. 1821, p. 220, pl 2, fig. 5.
Vertigo cylindrica Fér. Tabl. Syst. 1822, p. 68.
Vertigo muscorum Mich. compt. 1831, p. 70.
Stomodonta muscorum Merm. Moll. Pyr. occid. 1843, p. 55.

HABITE : au pied des vieux arbres, sous la mousse ou dans les troncs, sous la terre friable et composée d'humus. Commun; au Bouscat, Caudéran, Saint-Médard-en-Jalle, Gradignan, Talence, etc., difficile à trouver; les alluvions.

71. 2. V. ÉDENTÉ, *V. edentula.*

Pupa edentula Drap. Hist. Moll. 1805, p. 52, pl. 3, fig. 28-29.
Vertigo edentula Stud. Kurz. Verzeichn, 1820, p. 89.
Vertigo nitida Fér. Tabl. Syst. 1822, p. 68.
Stomodonta edentula Merm. Moll. Pyr. occid. 1843, p. 54.

HABITE : les dunes d'Arcachon et la Teste, sous les débris des écorces de pins, sous la mousse; rare.

72. 3. V. DE DES MOULINS, *V. Moulinsiana*.

Pupa Moulinsiana Dup. Cat. extramar. test. 1849, n° 284.

HABITE : le Bouscat, chez M. Coudert (H^te), sous les feuilles mortes des platanes, sous les pierres; Caudéran, Gradignan, assez commun, vivant en société.

73. 4. V. PYGMÉE, *V. pygmæa*.

Pupa pygmæa Drap. Tabl. Moll. 1801, p. 57 et Hist. pl. 3, fig. 30-31.
Vertigo pygmæa Fér. père, Méth. Conch. 1897, p. 124.
Stomodonta pygmæa Merm. Moll. Pyr. occid. 1843, p. 55.

HABITE : les vieux saules, dans les creux remplis d'humus, sous les pierrailles des haies, terrains humides, commun en Queyries, Cadillac, Lassouys, etc., les alluvions.

74. 5. V. PUSILLE, *V. pusilla*.

Vertigo pusilla Mull. Verm. Hist. II, 1774, 124.
Pupa vertigo Drap. Tabl. Moll. 1801, p. 54.

HABITE : les garennes, au pied et dans les troncs des charmes et des chênes, sous la mousse et l'humus, les feuilles mortes; au Bouscat, maison des Aliénés; à Caudéran, à Gradignan : rare.

Genre XIII. — CARYCHIE, *CARYCHIUM*.

Carychium Mull. Verm. Hist. II, 1774, p. 125.
Auricula Drap. Tabl. Moll. 1801, p. 31.

ANIMAL : semblable à celui des Hélices, s'en distinguant par l'absence des deux tentacules inférieurs; les deux supérieurs rétractiles, cylindriques, arrondis, sans renflement au sommet; yeux situés derrière les tentacules, près de leur base, sur la tête.

COQUILLE : ovale, oblongue ou cylindrique, ouverture entière, droite, courte, avec ou sans dents; cône spiral, incomplet; quatre à six tours : point d'opercule.

Terrestres vivant sous les feuilles humides, les mousses, les vieux bois, etc.

75. 1. C. NAINE, *C. minimum.*

> *Carychium minimum* Mull. Verm. Hist. 1774, II, p. 125.
> *Bulimus minima* Brug. Encycl. vers 1789, I, p. 310.
> *Auricula minima* Drap. Tabl. Moll. 1801, p. 54.
> *Carichium minimum* Fér. père, Ess. Méth. Conch. 1807, p. 54.

HABITE : les lieux humides, près des ruisseaux, sous les écorces des arbres, les mousses, les pierres, etc.; Gradignan, Talence, Bègles, Queyries, etc., etc., très-commune; les alluvions de tous les cours d'eau.

Famille III. — CYCLOSTOMACÉS.

CYCLOSTOMACÉS Menk.

Genre XIV. — CYCLOSTOME, *CYCLOSTOMA.*

> *Cyclostoma* Drap (excl. spec. aquat.) Tabl. Moll. 1801, p. 30-37.
> *Pomatias* Stud. Faunul. Helvet. in Coxe, Trav. Switz. 1789, III, p. 433.

ANIMAL : trachélipode très-spiral, sans collier ni cuirasse, tête proboscidiforme ou en trompe; deux tentacules cylindriques, rétractiles, renflés à l'extrémité, oculés à leur base externe; pied petit placé sous le col; cavité cervicale largement ouverte au-dessus de la tête, ayant sur ses parois un réseau vasculaire branchial et à droite l'anus et les organes de la génération. Il y a des individus mâles et des individus femelles; point de mâchoire.

COQUILLE : turbinée, ovale ou allongée, à spire médiocre; les tours arrondis, ouverture ronde, entière, les bords réunis circulairement; péristome continu; opercule calcaire ou corné, sub-centrique, spiral. Terrestres, vivant à toutes les expositions. Reptation particulière par le bord du mufle et l'extrémité caudale.

1re SECTION. — CYCLOSTOMES.

76. 1. C. ÉLÉGANT, *C. elegans.*

> *Nerita elegans* Mull. Verm. Hist. 1774, p. 177.
> *Cyclostoma elegans* Drap. Tabl. Moll. 1801, p. 38.
> L'ÉLÉGANTE STRIÉE Geoff. Coq. Paris.

Var. *B*. Albine.

    C. Jaunâtre.

    D. Violâtre.

HABITE : les plaines siliceuses et des terrains argileux ; les côteaux élevés, partout ; très-commun dans les jardins, les bois, les vignes, etc., etc.

2ᵉ SECTION. — *POMATIAS.*

Pomatias Stud. in Coxe, Trav., Switz 1789.

ANIMAL : à tortillon plus allongé que le précédent.

COQUILLE : turriculée, conique ; ouverture arrondie, mais un peu échancrée à la base de la columelle ; opercule corné, aplati, à peine spiral.

77. 2. C. POINTILLÉ, *C. septemspirale*,

    Helix septemspirale Razoum. Hist. nat. Jor. 1789, I, p. 39.

    Cyclostoma maculatum Drap. Hist. Moll. 1805, p. 39, pl. 1, fig. 12.

    Pomatias maculatum Crist. et Jan, Cat. 1832, XV, p. 40, nᵒ 1.

HABITE : les côteaux boisés, Cenon, Lormont, Bassens, Floirac, Fargues, Pompignac, Saint-Émilion, Castets, Cadillac, etc. : commun.

Genre XV. — ACMÉE, *ACME.*

    Acme Hartmann, Syst. Gastérop. 1821, p. 37.

    Auricula Drap. Hist. Moll. 1805, p. 57.

    Carychium Stud. Kurz. Verzeichn. Conch. 1820, p. 89.

    Cyclostoma Fér. Dict. class. Hist. nat. 1822, II, p. 90.

    Pupula Agassiz, in Charp. Moll. suiss. 1837, p. 22.

ANIMAL : voisin de celui des Cyclostomes, effilé, muni de deux tentacules coniques, contractiles avec deux lignes en croissant à la base ; derrière ces deux lignes, se trouvent les deux yeux qui sont sessiles ; le mufle est avancé comme dans les Cyclostomes ; l'animal est muni d'un opercule très-mince, diaphane, corné, à peine visible.

COQUILLE : sub-cylindrique, luisante, lisse ou striée, à ouverture semi-ovale, simple et sans dents ; le bord extérieur est lisse, épaissi et non continu. Vit sous la mousse, au pied des chênes.

78. 1. A. BRUNE, *A. fusca.*

    Turbo fuscus Walk. et Boys, Test. min. rar. 1784, p. 112, pl. 2, fig. 42.

Auricula lineata Drap. Hist. Moll. p. 57. Tab. III, f. 20-21. 1805.

Carychium lineatum Rossm. Iconogr. 1837, V, VII, p. 54, fig. 408.

Acme fusca Beck. Ind. Moll. 1838, p. 101.

Cyclostoma fuscum Moq. Moll. Toulouse, 1843, p. 14.

HABITE : les bois rocailleux des côteaux calcaires, au Nord ; très-rare ; trouvée en Mai 1856 dans les alluvions de la Garonne, en Queyries (Gassies).

79. 2. A. SIMONIENNE, *A. simoniana.*

Paludina simoniana Charpent. In. S. Simon Miscel. malac. 1848, I, p. 38.

Bithinia simoniana Dup. Cat. extramar. test. 1849, n° 49.

Hydrobia id. Dup. Hist. Moll. 1851, V, p. 574, pl. 28, fig. 11.

HABITE : les alluvions de la Garonne, où elle est fort rare ; trouvée en Mai 1856 (Gassies).

Obs. Cette coquille avait été classée parmi les *Acme* dans mon manuscrit sur les Mollusques de l'Agenais ; les observations de M. Moquin-Tandon, qui en avait vu une plus grande quantité, me la firent publier sous le nom que M. de Charpentier lui avait imposé parmi les Paludines ; mais le savant professeur est revenu depuis à ma première opinion, et dans son Histoire naturelle des Mollusques terrestres et fluviatiles de France, il la restitue au genre *Acme*, auquel la connaissance seule de l'animal pourra définitivement assigner la véritable place.

TRACHÉLIPODES AQUATIQUES.

PULMONÉS AQUATIQUES, Cuv.

TRACHÉLIPODES NAGEURS.

Famille IV. — LIMNÉENS.

Limnéens Lamk. extr. cours. Anim. sans vert. 1812, p. 116.

Limnostreæ Fér. Tabl. Syst. 1822, p. 33.

Limnacés Blainv. Malac. 1825, p. 448.

TRACHÉLIPODES amphibiens, vivant dans l'eau douce, mais respirant à la surface ; corps allongé, distinct du pied et contourné en spirale ; cuirasse nulle, un collier autour du cou, formé par le bord du manteau ; deux tentacules contractiles, oculés à leur base et non au sommet ; cavité respiratoire sur le collier ; sexes séparés.

COQUILLE : enroulée, discoïde ou turbinée, mince; bord latéral presque toujours tranchant.

Genre XVI. — PLANORBE, *PLANORBIS*.

Planorbis Guettard, in Mém. Acad. Scien. Paris, 1756, p. 151.

ANIMAL : enroulé; grêle, tête munie de tentacules contractiles, sétacés, fort longs et oculés à leur base interne ; bouche munie d'une dent en croissant et inférieurement d'une masse linguale armée de petits crochets, surmontée d'une sorte de voile court et échancré ; pied ovale et assez court ; orifice de la respiration à gauche, sur le collier et avoisiné par celui de l'anus ; organes de la génération séparés de ce même côté ; celui de l'organe mâle près du tentacule et celui des œufs à la base du collier.

COQUILLE : assez mince, dextre, fortement enroulée dans le même plan ; concave des deux côtés, à bord tranchant et interrompu par la convexité du tour qui précède.

80. 1. P. LUISANT, *P. nitidus*.

Planorbis nitidus Mull. Verm. 1774, II, p. 163.
Planorbis complanatus Poir. Prodr. 1801, p. 93.
Pl. clausulatus Fér. concord. Moll. Brit. in Journ. phys. 1820, p. 240.
Pl. nautileus Sturm., Deutschl. Faun. 1823, VI, pl. 15.
LE PLANORBE à trois spirales à arêtes, Geoff. Coq. Paris.

HABITE : les marais, parmi les *Lemna*, les *Potamogeton*, etc.; à la Mothe, à Arlac, Fargues, Marcamps, etc., etc. Assez commun.

81. 2. PL. DES FONTAINES, *Pl. fontanus*.

Helix fontana Lightf. in philos. trans. 1786, LXXVI, n° 164, pl. 2, fig. 1.
Planorbis complanatus Drap. Hist. Moll. 1805, p. 47, pl. 2, fig. 20-22.
Plan. fontanus Flemm. in Edinb. Encycl. 1814, VII, 1, p. 69.
HABITE : les bassins des fontaines tranquilles et les fossés qui en dépendent, parmi les *Chara*, les *Lemna*, etc.; à la Réole, Caudrot, Quinsac, Cambes, Lassouys, etc., Seige, près Gradignan, Blaye, Étauliers, etc., etc. : commun.

82. 3. Pl. caréné, *Pl. carinatus.*

Planorbis carinatus Mull. Verm. Hist. 1774, II, p. 175.

Le Planorbe à quatre spirales à arêtes, Geoff. Coq. Paris.

Habite : les marais, aux allées de Boutaut, Bruges, Blanquefort et toutes les eaux tranquilles : très-commun.

83. 3. Pl. marginé, *Pl. complanatus.*

Helix complanata Linné, Syst. nat. édit. X⁰, 1758, I, p. 769.
Planorbis marginatus Drap. Hist. Moll. 1805, p. 45, pl. 2, fig. 11-12-15.

Habite : avec le précédent dont on l'a toujours considéré comme une variété, car il y en a d'intermédiaires qui les relient par la carène plus ou moins médiocre.

84. 5. Pl. tourbillon. *Pl. vortex.*

Helix vortex Linn. Syst. nat. édit. X⁰, 1758, I, p. 772.
Planorbis vortex Mull. Verm. Hist. 1774, II, p. 158.
Pl. compressus Mich. compl. 1831, p. 81, pl. 16, fig. 6-8.

Le Planorbe à six spirales à arêtes, Geoff. Coq. Paris.

Habite : toutes les eaux stagnantes, à Bègles, Mérignac, Saint-Médard-en-Jalle, le Bouscat, Pauillac, Beychevelle, Etauliers, Blaye, Bourg, Cubzac, Marcamps, etc., etc.; allées de Boutaut, Bruges : très-commun.

85. 6. Pl. leucostome, *Pl. leucostoma.*

Planorbis rotundatus Poiret, Prodr. 1801, p. 93 non Al. Brong.
Pl. vortex var. *B.* Drap. Hist. Moll. 1805, p. 45, pl. 2, fig. 6-7.
Pl. leucostoma Millet, Moll. Maine-et-Loire, 1813, p. 16 (1).
Var. *B. Perezii. — Pl. Perezii* Graëlls, Molluscos de España.

Plus petit que le type, ouverture moins épaissie, bourrelet mince.

Habite : les fossés remplis d'eau pluviale et peu fournis de plantes : ces fossés se dessèchent une partie de l'année; le Mollusque s'enfonce dans la vase, clôt son ouverture avec un épiphragme composé de plusieurs couches superposées d'apparence crétacée, et attend qu'un orage

(1) M. Brongniart ayant décrit un Planorbe fossile sous le vocable de *rotundatus*, je crois prudent de conserver à l'espèce de la Gironde le nom imposé par M. Millet et sous lequel il est plus connu.

vienne inonder sa demeure, qui, le lendemain, se trouve remplie de ces animaux flottants à la surface.

La var. *B.* se trouve dans les fossés qui avoisinent le bassin d'Arcachon au Teich, où elle est très-commune. Le type préfère les terrains calcaires et argileux; aussi, le trouve-t-on dans tous les fossés de la Réole, la Bénauge, Gironde, Caudrot, Langon, Quinsac, Cambes, Floirac, Fargues, Marcamps, Blaye, etc., etc.

86. 7. Pl. spirorbe, *Pl. spirorbis.*

Helix spirorbis Linn. Syst. nat. édit. X^e, 1758, 1. p. 770.
Planorbis spirorbis Mull. Verm. Hist. II, 1774, p. 161.

Le petit Planorbe à cinq spirales rondes, Geoff. Coq. Paris.

Habite : les fossés de certaines fontaines ferrugineuses, sous les feuilles de chêne pourries, sur les fragments de bois, de pierres, de galets; rare partout où il se trouve : à Castets, Artigues, Pompignac.

87. 8 Pl. nautile, *Pl. nautileus.*

Turbo nautileus Linn. Syst. nat. édit. XIIe, 1767, II, p. 1241.
Planorbis cristatus Drap. Hist. Moll. 1805, pl. 2, fig. 1-3.

Habite : les fontaines, abondantes parmi les conferves, les *fontinalis anti-pyretica*, etc.; Mérignac, dans la propriété de Mgr Donnet; à la Ferme expérimentale; à Cambes, Paillet, Langoiran, Blaye, Bègles, Langon, Castets, etc.

88. 9. Pl. tuilé, *Pl. imbricatus.*

Pl. imbricatus Mull. Verm. Hist. 1774, II, p. 165.

Habite : les marais, parmi les plantes aquatiques, à Bruges, allées Boutaut; à Cambes, la Réole, Gironde, Caudrot, etc.; peu commun.

89. 10. Pl. blanc, *Pl. albus.*

Planorbis albus Mull. Verm. Hist. 1774, II, p. 164.
Pl. villosus Poir. Prodr. Avril 1801, p. 95.
Pl. hispidus Vall. Exerc. d'Hist. nat. Août 1801, p. 5.

Le Planorbe velouté Geoff. Coq. Paris.

Habite : les eaux stagnantes ou peu courantes, les réservoirs des moulins contre les parois, sur les mousses; Pont-de-la-Maye; Gradignan, Talence, Bègles, allées de Boutaut, Castets, Langon, Verdelais, etc., etc. : commun.

90. 11. Pl. CONTOURNÉ, *Pl. contortus.*

> *Helix contorta* Linn. Syst. nat. édit. X^e, p. 770. 1758.
>
> *Planorbis contortus* Mull. Verm. Hist. 1774, II, p. 162.

LE PETIT PLANORBE à dix spirales rondes, Geoff. Coq. Paris.

HABITE : presque tous les marais de la Gironde; très-commun à Bègles, Mérignac, le Bouscat, la Vache, Talence, Gradignan, allées Boutaut, Bruges, Macau, Beychevelle, Étauliers, etc., etc.

91. 12. Pl. CORNÉ, *Pl. corneus.*

> *Helix cornea* Linn. Syst. nat. édit. X^e, 1758, I, p. 770.
>
> *Planorbis corneus* Poir. Prodr. 1801, p. 87.

LE GRAND PLANORBE à spirales rondes, Geoff. Coq. Paris.

> Var. *B. radiata.*
>
> *C. alba.*
>
> *D. minor.*

HABITE : tous les marais, les ruisseaux, les jalles, les esteys de la Gironde, de la rive droite et de la rive gauche de la Garonne, à Bruges, Mérignac, Blanquefort, Bègles, les fossés et marais de la Bastide, etc.

La var. *B.* la Ferme expérimentale.

La var. *C.* Belleville (M. Jaudouin.)

La var. *D.* Mérignac.

Genre XVII. — PHYSE, *PHYSA.*

Physa Drap. Tabl. Moll. 1801, p. 31-32.

ANIMAL : ovoïde, plus ou moins spiral; tête munie de deux tentacules longs, sétacés et oculés à leur base interne; manteau offrant deux lobes digités sur ses bords qui peuvent se recourber et recouvrir en grande partie la coquille; le pied long, arrondi antérieurement, aigu postérieurement; le reste de l'organisation comme dans les Limnées, à l'exception que les orifices sont généralement à gauche.

COQUILLE : généralement sénestre, ovale, allongée ou presque globuleuse, lisse, mince et très-fragile; ouverture ovale, un peu rétrécie en arrière, bord gauche tranchant; quelquefois avec un bourrelet interne; la columelle un peu torse, mais sans pli; la spire plus ou moins aigue et allongée, le dernier tour plus grand que les autres réunis.

Œufs nombreux, réunis par une masse albumineuse.

Vit dans les eaux douces et tranquilles parmi les plantes aquatiques; se nourrit également d'autres Mollusques qu'il attaque par succion, rongeant le têt et avalant la portion mise à nu.

92. 1. Ph. des fontaines, *Ph. fontinalis.*

Bulla fontinalis Linn. Syst. nat. édit. X⁵, 1758, I, p. 727.
Bulimus fontinalis Brug. Encycl. vers 1789, p. 96, pl. 5, fig. 6-6.
Physa fontinalis Drap. Tabl. Moll. 1801, p. 52 et Hist. pl. 3, fig. 8-9.

La Bulle aquatique, Geoff. Coq. Paris.

Habite : les eaux limpides, flotte souvent à la surface; à Bègles, Mérignac, le Peugue à Arlac (M. Des Moulins), le pont de la Maye; peu commune.

93. 2. Physe aigue, *Physa acuta.*

Physa acuta Drap. Hist. Moll. 1805, p. 55, pl. 3, fig. 10-11.
  Var. *B. globosa.*
    C. minor.
    D. acutior.
    E. pelluscens.
    F solida ? castenea Lk.)

Habite : tous les grands et petits cours d'eau, la Garonne, la Dordogne, l'Isle, la Leyre, le Peugue, les jalles, etc., etc.; les moindres ruisseaux, fossés, fontaines, nourrissent des variétés de ce Mollusque qui semble se contenter de toutes les eaux, de leurs principes calcaires, silicaux, crayeux ou ferrugineux.

  La var. *B.* Rions (M. Jaudouin).
    C. Cambes, Beychevelle.
    D. Mérignac, Arlac, Talence.
    E. Mérignac, Gradignan.
    F. La Garonne, sur les perrés d'embarquement; Bègles, la Garonnelle, île Saint-Georges, etc.

Obs. M. Il⁵ᵉ Coudert, membre de la Société Linnéenne, avait renfermé dans le même bocal des *Limnea stagnalis* et des *Physa acuta.* Ces dernières détruisirent complètement leurs voisines en rongeant leur coquille et en pénétrant ainsi jusqu'au Mollusque qu'elles suçaient jusqu'à épuisement.

94. 3. Physe des mousses, *Physa hypnorum.*

Bulla hypnorum Linn. Syst. nat. édit. X⁵, 1758, I, p. 727.
Bulimus hypnorum Brug. Encycl. vers 1789, I, 301.
Physa hypnorum Drap. Tabl. Moll. 1801, p. 52 et Hist. pl. 3, fig. 12-13.

Habite : fossé près Libourne, route de Paris; rare. (M. Des Moul.)

Genre XVIII. — LIMNÉE, *LIMNÆA*.

Limnæa Brug. Encycl. 1791 , p. 459.
Limneus Drap. Tabl. Moll. 1801 , p. 30-47.
Amphipeplea et *Lymnæa* Nilss. Mol. Suec. 1822, p. 17, 58, 60.

ANIMAL : de forme ovale, plus ou moins spiral ; tête munie de deux tentacules applatis, triangulaires, portant les yeux à leur base interne ; bouche munie d'une pièce supérieure pour la mastication, surmontée d'une sorte de voile assez court ; pied ovale, bilobé antérieurement, rétréci postérieurement ; orifice de la cavité pulmonaire au côté droit, sur le collier, en forme de sillon, et pouvant être recouvert par un appendice charnu qui le borde inférieurement ; anus tout à côté ; organes de la génération distants ; l'orifice de la verge étant sous le tentacule droit et celui de la vulve à l'entrée de la cavité pulmonaire ; génération androgyne.

COQUILLE : mince, fragile, ovale-oblongue plus ou moins aiguë et allongée, à ouverture plus haute que large, ovale, quelquefois très-grande, à bord tranchant non continu par l'effet de la convexité du tour précédent ; un pli oblique à la columelle.

Les Limnées habitent les rivières, les canaux, les étangs, les fontaines, les mares et les moindres ruisseaux et fossés ; rampent renversées à la surface de l'eau et se précipitent au fond en dégageant l'oxigène. Comme les Planorbes et les Physes, les Limnées sont omnivores, se nourrissent indifféremment de plantes ou de matières animales en putréfaction.

95. 1. LIMNÉE GLUTINEUSE, *Limnæa glutinosa*.

Buccinum glutinosum Mull. Verm. Hist. 1774, II, p. 129.
Bulimus glutinosus Brug. Encycl. vers 1789, p. 306.
Limneus glutinosus Drap. Hist. Moll. 1805, p. 50.
Amphipeplea glutinosa Nilss. Moll. Succ. 1822, p. 58.

HABITE : le Peugue à Arlac (M. Des Moulins), le pont de la Maye, le Thil près des sources de la ville, et probablement plusieurs cours d'eau des Landes.

Cette espèce est essentiellement voyageuse ; car, rencontrée en grande quantité dans la retenue des eaux du moulin au pont de la Maye, pendant l'automne de 1854, je ne l'y ai point retrouvée depuis.

L'animal recouvre sa coquille avec les lobes du manteau et la polit sans cesse; c'est l'espèce française dont le têt est le plus fragile.

96. 2. L. AURICULAIRE, *L. auricularia.*

> *Helix auricularia* Linn. Syst. nat. édit. X^e, 1758, I. p. 774.
> *Bulimus auricularius* Brug. Encycl. vers 1789, p. 304.
> *Limneus auricularius* Drap. Tabl. Moll. 1801, p. 48.
> LE RADIS ou BUCCIN VENTRU Geoff. Coq. Paris.

HABITE : Mérignac, la Ferme-expérimentale, le Peugue, les allées de Boutaut; peu répandue, appartenant aux variétés non au type.

97. 3. L. OVALE, *L. limosa.*

> *Helix limosa* Linn. Sys. nat. édit. X°, 1758, I, p. 774.
> *H. teres* Gmel. Syst. nat. 1788, p. 3667.
> *Bulimus limosus* Poir. Prodr. 1801, p. 30.
> *Limneus ovatus* Drap. Hist. Moll. 1805, p. 50, pl. 2, fig. 30-31.
> *Limnæa ovata* Lamk. An. sans vert. 1822, VI-II, p. 161.
> Var. *B. intermedia* Lim. *intermedia* Fér.
>> *C. pellucida* Gass. Moll. Agen., p. 165, pl. 2, fig. 5.
>> *D. crassa* Gass. loc. cit. pl. 2, fig. 4.
>> *E. Nouletiana* Lim. *Nouletiana* Gass. loc. cit. p. 166, pl. 2, fig. 3.
>> *F. trencaleonis* Lim. *trencaleonis* Gass. loc. cit. p. 163, pl. 2, fig. 1.
>> *G. vulgaris* Lim. *vulgaris* C. Pfeiffer Deutschl. Moll. 1821, I, p. 89, pl. 4, fig. 22.
>> *H. gigantea* Nob.

HABITE : tous les terrains et toutes les eaux; c'est l'espèce la plus commune et la plus répandue : lui assigner un *habitat*, serait superflu; je donnerai ceux des principales variétés énoncées plus haut.

La var. *B.* les terrains calcaires, les ruisseaux de la rive droite, Marcamps, Cubzac, Libourne, Sainte-Foy, Saint-Émilion, Floirac, etc.

La var. *C.* Cambes, Quinsac, Camblanes.

La var. *D.* l'eau bourde (M. Des Moulins), la Garonne, la Dordogne à Libourne; l'Œil, à Cadillac.

La var. *E.* les allées de Boutaut, le pont de la Maye; les marais de Bruges.

La var *F.* Mérignac, Castets, Lassouys.

La var. *G*. Les marais de Bruges, de Blanquefort, de la Jalle, etc.
La var. *H*. Rions.

Obs. Cette espèce est sujette aux variations les plus extrêmes; j'ai des individus très-petits, et d'autres cinq fois plus grands. Les uns à têt mince, pellucide; les autres à coquille épaisse et calcaire. La coloration dépendant beaucoup du milieu qu'ils habitent, ils sont brillants dans les eaux des Landes, où les sols calcaires et ferrugineux précipitent peu; dans les ruisseaux et fossés de la plaine et des côteaux, ils sont fréquemment imprégnés et recouverts d'encroûtements noirs, verts ou marrons. La forme de la coquille varie également de la forme spirale à la courte et obèse, après avoir passé par tous les intermédiaires.

98. 4. L. VOYAGEUSE, *L. peregra*.

Buccinum peregrum Mull. Verm. Hist. 1774, II, p. 130.
Bulimus peregrus Brug. Encycl. vers 1789, p. 301.
Limneus pereger Drap. Tabl. Moll. 1801, p. 48.
Limnœa peregra Lamk. anim. sans vert. 1822, VI-II, p. 161.
Var. *B. marginata* Lim. *marginata* Mich. compl. p. 88, pl. 16, fig. 15-16.
    C. bilabiata Lim. *bilabiata* Hartm.
    D. pellucida Nob.
    E. gibba Nob.

HABITE : les sources, les fontaines et les fossés des côteaux calcaires; le type à Lassouys, Floirac, Camblanes, etc.

La var. *B*. à Marcamps, Saint-André-de-Cubzac, Blaye, Bourg, la Roque.

La var. *C*. à Rions (M. Jaudouin).

La var. *D*. à Cambes; rare.

La var. *E*. à l'Estrille, commune d'Artigues (M. Jaudouin).

Cette dernière variété est fort singulière par les gibbosités ou varices qui la déforment vers l'époque de son dernier accroissement.

99. 5. L. STAGNALE, *L. stagnalis.*

Helix stagnalis Linn. Syst. nat. édit. X^e, 1758, I, p. 774.
Bulimus stagnalis Brug. Encycl. vers 1788, I, p. 303.
Limnœa stagnalis Lam. anim. sans vert. 1801, p. 91.
Limneus stagnalis Drap. Tabl. Moll. 1801, p. 51.
LE GRAND BUCCIN, Geoff. Coq. Paris.
Var. *B. minor*.

HABITE : tous les marais, fossés, étangs des environs de Bordeaux ; moins répandue dans les arrondissements de la Réole et Libourne.

100. 6. L. TRUNCATULÉE, *L. truncatula*.

Buccinum truncatulum Mull. Verm. Hist. 1774, II, p. 130.
Bulimus truncatus Brug. Encycl. vers 1789, I, p. 310.
Bul. obscurus Poir. Prodr. Avril 1801, p. 35.
Limneus minutus Drap. Tabl. Moll. Juillet 1801, p. 51.
Limnœa minuta Lamk. anim. sans vert. 1822, VI-II, p. 162.
LE PETIT BUCCIN, Geoff. Coq. Paris.
Var. *B. major.*

HABITE : tous les cours d'eau du département, la Garonne, l'Isle, la Dordogne, les jalles, les esteys, etc.; très-commune.

Obs. Cette espèce vit très-bien dans les fossés bourbeux qui se dessèchent facilement; elle s'enfonce dans la vase pendant la chaleur et reparaît aux premières pluies.

La var. *B.* est commune dans la Gironde, à Pauillac (M. Des Moulins.)

101 7. L. DES MARAIS, *L. palustris*.

Buccinum palustre Mull. Verm. Hist. 1774, II, p. 131.
Bulimus palustris Brug. Encycl. 1789, Vers, I, p. 302.
Limneus palustris Drap. Tabl. Moll. 1801, p. 50.
Var. *B. minor.*

HABITE : tout le Bordelais; la var. *B.* sur les perrés de la Garonne, à Bègles, Langoiran, etc., etc.

102. 8. L. ALLONGÉE, *L. glabra*.

Buccinum glabrum Mull. Verm. Hist. 1774, II, p. 135.
Bulimus glaber Brug. Encycl. 1780, Vers, I, p. 312.
B. leucostoma Poir. Prodr. 1801, p. 37.
Limneus elongatus Drap. Hist. Moll. 1805, p. 52, pl. 3, fig. 3-4.
Limnœa leucostoma Lam. Anim. sans vert. 1822, 6, p. 62.
Var. *B. subulata*, *Limneus subulatus* Kikx, Syn. Moll. Brab. p. 60, fig. 13-14.
C. gingivata, Limn. *gingivata* Goup. Moll. Sarth. p. 63, pl. 1, fig. 8-10, 1835.

HABITE : les fossés et les marais de la plaine en compagnie, le plus souvent, du *Planorbis leucostoma ;* Mérignac, Gradignan, Saint-Médard, etc., etc.

La var. *B.* dans les fossés du Teich.

Genre XIX. — ANCYLE, *ANCYLUS.*

Ancylus Geoff. Coq. Paris, 1767, p. 122.

ANIMAL : ovale, en cône, légèrement recourbé en arrière, ayant le manteau peu ample, ne recouvrant point la tête et mince sur les bords; tête très-grosse, munie de deux tentacules gros, cylindriques, contractiles, oculés à leur base interne et avoisinés au côté externe par un appendice foliacé; bouche inférieure, avec quelques apparences d'appendices labiaux de chaque côté; pied elliptique, grand; branchies dans une sorte de cavité, au milieu du côté gauche entre le pied et le manteau ; anus au côté gauche.

COQUILLE : Dextre ou sénestre, mince, recouvrante, presque symétrique, en cône oblique, en arrière ; à base ovale plus ou moins allongée, à sommet pointu, non marginal, un peu incliné à droite.

Les animaux de ce genre vivent dans les eaux vives, sur les pierres, les bois, etc.; sous les feuilles des grandes plantes aquatiques.

1ʳᵉ SECTION. — *Coquille dextre, animal sénestre.*

103. 1. ANCYLE FLUVIATILE , *Ancylus fluviatilis.*

Ancylus fluviatilis Mull. Verm. Hist. 1774, II, p. 201.
Patella cornea Poir. Prodr. 1801, p. 101.
L'ANCYLE, Geoff. Coq. Paris.
Var *B. minor*.

HABITE : tous nos cours d'eau, la Garonne, la Dordogne, l'Isle, les jalles et les esteys, les fontaines, etc., etc.; très-commune.

La var. *B.* au bas de Cenon.

2ᵉ SECTION. — *Coquille sénestre, animal dextre.*

104. 2. ANCYLE LACUSTRE , *Ancylus lacustris.*

Patella lacustris Linn. Syst. nat. édit. Xᵉ, 1758, I, p. 783.
Ancylus lacustris Mull. Verm. Hist. 1774, II, p. 199.
Velletia lacustris Gray, in Turt. Shells Brit. 1840, p. 50, fig. 226.

HABITE : les marais tranquilles, s'abrite sous les feuilles de *nymphœa*, de potamogeton, etc.; l'Eau-Bourde, la grande Jalle, les marais de la Bastide, de Bruges, des allées de Boutaut, etc.; moins commune que la précédente.

C'est le type du genre *velletia* de Gray.

Famille V. — PÉRISTOMIENS.

PÉRISTOMIENS Lamk, extr. cours anim. sans vert. 1812, p. 117.

ANIMAL : muni de deux tentacules, subulés, contractiles; les yeux à leur base.

COQUILLE : variant dans sa forme, à ouverture arrondie ou ovale, à bords peu ou point désunis, sans canal ni échancrure; opercule corné ou vitreux.

Genre XX. — PALUDINE, *PALUDINA*.

Bulimus (partim) Poir. Coq. Paris, 1801, p. 60.

Cyclostoma (partim) Drap. Tabl. Moll. 1801, p. 30-40.

Natica (partim), Fér. père, Syst. conch. in Mém. Soc. Méd. émul. 1801, p. 395.

Vivipare Lamk. Phil. zool. 1809, I, p. 520.

Paludina Lamk. Extr. cours anim. sans vert. p. 117.

ANIMAL : muni d'une tête proboscidiforme, tentacules coniques, allongés, quelquefois distants, portant les yeux à leur base extérieure, ceux-ci sur de petites éminences plus ou moins saillantes; bouche munie d'une masse ou d'un ruban lingual, hérissé; pied oblong ou ovale, plus ou moins allongé et portant généralement un sillon marginal en avant; organe mâle au côté droit antérieur, ayant son orifice à la base du tentacule ou dans le voisinage de cet organe; anus du même côté.

COQUILLE : Dextre, épidermée, conoïde à tours de spire arrondis; sommet mamelonné, ouverture arrondie, ovale, anguleuse au sommet, les deux bords réunis tranchants, jamais recourbés; péristome continu; un opercule orbiculaire, corné, strié.

Les paludines vivent dans les marais, les fleuves, les canaux, les fossés. Quelques espèces se plaisent dans les eaux saumâtres.

105. 1. P. COMMUNE, *P. contecta*.

Cyclostoma contectum Mill. Moll. Maine-et-Loire, 1813, p. 5.

Vivipara communis Dup. Hist. Moll. 1851, V, p. 537, pl. 28, fig. 5.

HABITE : le canal latéral à la Garonne, les marais des environs de Bordeaux (M. Des Moulins).

Genre XXI. — BYTHINIE , *BYTHINIA.*

Hydrobia (partim) Hartm. Syst. Gastér. 1821, p. 31.
Bythinia Gray, in Turt. Shells. Brit. 1840, p. 90-92.

ANIMAL : ovale ou ovale allongé, tortillon spiral contenu dans la coquille; tentacules cylindriques pointus, yeux situés à la base postérieure externe; point de mâchoire.

COQUILLE : dextre conoïde, ventrue ou cylindracée; suture profonde, tours convexes; ouverture ovale, arrondie; péristome sub-continu, un peu épais; opercule mince, corné ou subtestacé à spire concentrique.

Ce genre vit plus particulièrement dans les endroits où l'eau est vive et courante, dans les sources, les fontaines, etc.; rampe dans les basfonds, sur les pierres, les rochers, les cailloux, les feuilles et le bois mort.

106 1. B. DE FÉRUSSAC, *B. Ferussina.*

> *Paludina Ferussina* Des Moul. in Bull. Soc. Linn. Bord. 1827, II, p. 65, fig.
>
> *Bythinia* et *Hyrobia Ferussina* Dup. Cat. extramar. test. 1849, n° 3 et Hist. Moll. 1851, VI, 565, pl. 18, fig. 5.
>
> Var. *B. cebennensis* Bith. *cebennensis*, Dup. Cat. n° 37; plus allongée que le type.

HABITE : Saint-Médard-d'Eyran, dans la fontaine, au milieu du *fontinalis antypiretica* (M. Des Moul.), le pont de la Maye, l'estey de Bègles, les ruisseaux de la Ferme expérimentale, à Mérignac, les sources de la ville au Thil; commune.

La var. *B.* l'estey de Bègles, à la Moulinasse.

107. 2. B. VITRÉE, *B. vitrea.*

> *Cyclostoma vitreum* Drap. Tabl. Moll. 1801, p. 41 et Hist. pl. 1re, fig. 21-22.
>
> *Hydrobia vitrea* Hartm. Syst. Gast. 1821, p. 58.
>
> *Paludina vitrea* Menke, Syn. Moll. 1830, p. 40.
>
> *Pal. diaphana* Mich. Compl. 1831, p. 97, pl. 15, fig. 50-51.

HABITE : les fontaines courantes, sur les cailloux, sous les amas de feuilles mortes, à Camblanes, Quinsac, Cambes; peu commune.

108. 3. B. RACCOURCIE , *B. abbreviata.*

Paludina abbreviata Mich. Compl. 1831, p. 98, pl. 15. fig. 52-53.

HABITE : les fontaines et les cours d'eau qui en dépendent; à Eysines, Blanquefort, Saint-Médard-en-Jalle, la Tresne, etc.; commune.

109. 4. B. COURTE , *B. brevis.*

Cyclostoma breve Drap. Hist. Moll. 1805, p. 37, pl. 13, fig. 2-3.
Paludina brevis Mich. Compl. 1831, p. 97.

HABITE : Marcamps, dans une source; peu commune.

110. 5. B. VERTE , *B. viridis.*

Bulimus viridis Poir. Prodr. Avril 1801 , p. 45.
Turbo griseus Vall. exerc. d'Hist. nat. Août 1801 , p. 6.
Cyclostoma viride Drap. Hist. Moll. 1805, p. 37, pl. 1re, fig. 26-27.

HABITE : les fontaines, sous les rochers calcaires, à l'Ouest; Saint-Émilion, Pompignac, Sainte-Croix-du-Mont, etc.; peu commune.

Obs. C'est le manque de lumière qui cause l'encroûtement verdâtre dont elle est recouverte et auquel elle doit son nom. Une fois brossée, elle est couleur de corne pâle.

111. 6. B. DE LEACH , *B. Leachii.*

Paludina ventricosa Gray, Nat. arrang. Moll. in Med. repos. 1821 , XV, p. 239 (sans caract.)
Turbo Leachii Shepp. Descr. Brit. Shells , in Trans. Linn. 1823 , XIV, p. 152.
Paludina similis Des Moul. Moll. Girond. in Bull. Soc. Linn. Bord. 1827, II, p. 65.
P. Kickcxii Vestend. Instit. in Bull. Acad. Brux. 1835, III, p. 375.
P. decipiens Mill. in Magaz. zool. 1843, p. 2, pl. 64, fig. 2.
P. Michaudii Duv. Descr. Coq. in Rev. zool. Juin 1845, p. 211.

HABITE : les ruisseaux et les fossés, sur les plantes aquatiques; très-commune à la Tresne, à Plassac, la Seige (M. Des Moul.)

112. 7. B. DE BAUDON , *B. Baudoniana.*

Bithinia Baudoniana, Gassies.

ANIMAL : gris enfumé, presque noir sous le pied dont les bords sont plus pâles; tentacules filiformes, blanchâtres, gélatineux; yeux trèsnoirs situés à la base postérieure, mufle proboscidiforme, noir, ridé transversalement en dessus; mâchoire, cornée, rougeâtre, arquée légèrement.

COQUILLE : conoïde, ventrue vers la base, peu aiguë au sommet, mince, fragile, finement striée en long, couleur de corne rousse à peine transparente, souvent encroûtée de limon ferrugineux; spire de 4 à 5 tours très-convexes, suture profonde, le dernier tour formant le tiers de la coquille, sommet mousse; ombilic étroit et profond, non recouvert par la columelle; ouverture ovale, arrondie, obtusément anguleuse au sommet; péristome continu, assez épais; columelle calleuse, à bord un peu réfléchi, bord latéral tranchant, un léger bourrelet blanchâtre; opercule corné, mince, d'un beau rouge orange, à spire complète.

Haut. 8-12^{mill}. Diamètre 6-7^{mill}.

HABITE : les fossés de la grande Lande voisine des prés salés, au Teich, en compagnie du *Limnœa glabra*, var. *subulata* et du *Planorbis leucostoma*, var. *Perezii*; commune.

Obs. Cette Bithinie, voisine de la précédente, en diffère par ses tours plus distincts, plus élancés et plus nombreux; par la fragilité de son têt, sa coloration, son péristome plus épais, son ombilic plus ouvert, et enfin par son remarquable opercule. Les animaux ont des habitudes et un facies très-différents.

Mon ami, M. le docteur Baudon, qui s'occupe d'une monographie des Péristomiens, a comparé mon espèce avec toutes celles qu'il a pu recueillir, il n'a pu l'assimiler à aucune; je me fais un plaisir de la lui dédier.

113. 8. B. IMPURE, *B. tentaculata.*

Helix tentaculata Linn. Syst. nat. édit. X^e, 1758, I, p. 774.
Bulimus tentaculatus Poir. Prodr. Avril 1801, p. 61.
Cyclostoma impurum Drap. Tabl. Moll. Juillet 1801, p. 41.
Turbo janitor Vall. exerc. d'Hist. nat. Août 1801, p. 6.
Cyclostoma jaculator Fér. père, ess. Méth. conch. 1807, p. 66.
Paludina impura Brard, Coq. Paris, 1815, p. 183, pl. 7, fig. 2.

LA PETITE OPERCULÉE AQUATIQUE, Geoff. Coq. Paris.

Var. *B. globosa.*
    C. truncata.
    D. minor.

HABITE : toutes les eaux de la Gironde; très-commune partout.

La var. *B.* l'estey de Bègles; elle est globuleuse, à spire courte et aiguë; le têt est presque toujours d'un jaune luisant.

La var. *C.* les marais au bas de Cenon; elle est plus turriculée que la précédente et corrodée au sommet.

La var. *D.* très-petite dans la Garonne.

Genre XXII. — VALVÉE, *VALVATA*, Mull.

Valvata et *Nerita* (partim), Mull. Verm. Hist. 1774, II, p. 172.

ANIMAL : muni d'une tête très-distincte, prolongée en une sorte de trompe; tentacules fort longs, cylindracés, obtus, très-rapprochés; yeux sessiles au côté postérieur de leur base; pied bilobé en avant; branchies longues, pectiniformes, plus ou moins extensibles hors de la cavité, celle-ci largement ouverte et pourvue à droite de son bord inférieur, d'un long appendice simulant un troisième tentacule; organe mâle se retirant dans la cavité respiratoire.; mâchoire latérale.

COQUILLE : discoïde ou conoïde, ombiliquée, à tours de spire cylindracés, à sommet mamelonné; ouverture ronde ou presque ronde, à bords réunis, tranchants; opercule corné à éléments concentriques et circulaires.

Les Valvées vivent dans les eaux douces, tranquilles, à fond herbeux ou vaseux.

Elles ressemblent aux Planorbes par la forme discoïde du têt; aux jeunes Paludines par leur spire conoïde. Elles diffèrent des premiers par leur péristome continu et par la présence de branchies et d'un opercule.

114. 1. V. PISCINALE, *V. piscinalis.*

Nerita piscinalis Mull. Verm. Hist. 1774, II, p. 172.
Turbo cristata Poir. Prod. Avril 1801, p. 29.
Cyclostoma obtusum Drap. Tabl. Moll. Juillet 1801, p. 39.
Valvata piscinalis Fér. père, Ess. Syst. conch. 1807, p. 75.
Valvata obtusa Brard, Coq. Paris, 1815, p. 190, pl. 6, fig. 17.
LE PORTE-PLUMET, Geoffr. Coq. Paris.
Var. *B. major.*
    C. mediana.
    D. suturalis.

HABITE : presque tous les cours d'eau du département, rivières, jalles, esteys, simples ruisseaux; très-commune partout.

La var. *B. major* dans les marais de Rivière et des Chartrons.

La var. *C.* l'estey de Bègles.

La var. *D.* Marcamps.

115. 2. V. MENUE , *V. minuta.*

Valvata minuta Drap. Hist. Moll. 1805, p. 42, pl. 1ʳ, fig. 36-38.

HABITE : l'estey de Bègles, le ruisseau de la Maye, une fontaine à Saint-Émilion, à Cambes ; rare partout.

116. 3. V. PLANORBE , *V. cristata.*

Valvata cristata Mull. Verm. Hist. 1774, II, p. 198.

Valvata planorbis Drap. Tabl. Moll. 1801, p. 42.

HABITE : les marais et les fontaines ; commune aux allées de Boutaut, à Bruges, aux Chartrons, à Mérignac, Bègles, etc.

Famille VI. — NÉRITACÉS.

LAMK.

Genre XXIII. — NÉRITINE , *NERITINA.*

Nerita (partim) Linné, Syst. nat. édit. Xᵉ, 1758, I, p. 776.

Neritina Lamk. Phil. zool. 1809.

ANIMAL : globuleux, pied circulaire, court, épais, sans sillon antérieur ni lobe operculaire ; muscle columellaire partagé en deux ; deux tentacules filiformes oculés à leur base externe ; yeux subpédonculés ; langue denticulée ; une grande branchie pectiniforme ; sexes séparés, organe mâle, auriforme.

COQUILLE : semi-globuleuse, mince, aplatie, operculée, non ombiliquée ; ouverture semi-lunaire, bord columellaire, aplati, tranchant ; bord latéral sans dents ; opercule demi-rond, muni d'une apophyse latérale ; spire peu ou point saillante.

Les Néritines habitent les eaux courantes, froides, chaudes et tempérées ; elles rampent sur les pierres, les bois immergés, sur les plantes aquatiques.

Les femelles déposent leurs œufs sur tous les corps solides et même sur le têt de leurs congénères et des autres Mollusques ; l'éclosion détermine l'affaissement du centre et tout le tour reste adhérent comme la circonférence d'un anneau.

117. 1. N. FLUVIATILE , *N. fluviatilis.*

Nerita fluviatilis Linn. Syst. nat. édit. X^e, 1758, I, p. 777.

Theodoxus lutetianus Montf. conch. Syst. 1810, II, p. 351.

Neritina fluviatilis Lamk. Anim. sans vert. 1822, VI, 2, p. 188.

N. variabilis Hécart, Moll. Valenc. in Mém. Soc. Agric. Valenc.
1833, I, p. 146.

LA NÉRITE DES RIVIÈRES, Geoff. Coq. Paris.

Var. *B. viridana* Gass. Moll. terr. d'eau douce Agen. p. 186.

   C. nigricans Gass. loco cit.

   D. vinosa Nobis.

   E. punctata.

HABITE : tous nos cours d'eau, la Garonne, la Dordogne, l'Isle, les
jalles, les esteys, etc., etc.; très-commune partout.

La var. *B.* à Castets, dans la Garonne.

La var. *C.* aux sources qui alimentent Bordeaux.

La var. *D.* à Bellefond, commune de Saint-Selve ; fontaine chaude en
hiver.

La var. *E.* dans le Moron, près Marcamps.

DEUXIÈME CLASSE. — ACÉPHALES , Cuv.

Famille VII. — NAYADES.

Nayades Lamk. extr. cours, Anim. sans vert. 1812, p. 106.

Mytilacés Cuv. Règn. Anim. 1817, II, p. 469.

Sub mytilacés Blainv. Malac. 1825, p. 537.

Anodontidiens Maud. Moll. Vienn. 1839, p. 5.

ANIMAL : sans tête distincte, avec une bouche sans dents, cachée dans
le fond ou entre les replis du manteau, souvent munie de chaque côté
d'une paire d'appendices, point d'yeux ; des organes respiratoires branchiaux, peu variables dans leur forme et leur position ; tous se fécon-
dant eux-mêmes ; un cerveau imparfait, joint à un système nerveux
ganglionnaire ; deux cordons nerveux remplacent le collier médullaire ;
circulation simple ; cœur situé sur le dos, petit, ovale, gélatineux,
presque transparent, à un seul ventricule et à deux oreillettes, doué
d'un mouvement ondulatoire ; système artériel et veineux ; respiration
par des branchies extérieures ; foie très-volumineux, enveloppant presque en entier l'appareil digestif; un pied abdominal, vertical. *Ovo-vivi-
pares.*

COQUILLE : de deux pièces, jointes ensemble par un ligament corné.
BIVALVES.

Genre XXIV. — ANODONTE, *ANODONTA*.

Mytilus (partim) Linn. Syst. nat. édit. X*, 1758, I, p. 704.
Mytilus (partim) Geoff. Coq. Paris, 1767, p. 137.
Anodontiles Brug. Encycl. illust. 1791, pl. 201, 205, et Journ. Hist. nat. 1792, p. 184.
Anodonta Lamk. Mém. Soc. Hist. nat. Paris 1799, p. 87.

ANIMAL : ovale, oblong plus ou moins allongé et épais, ayant le manteau ouvert dans toute sa moitié inférieure et en avant, adhérent, à bords épais, souvent frangés; muni d'un orifice particulier pour l'anus et d'un tube incomplet, court, postérieur, garni de deux rangées de papilles tentaculaires et servant à la respiration; appendices labiaux triangulaires; branchies assez longues, inégales sur un même côté; pied très-grand, épais, comprimé, de forme quadrangulaire.

COQUILLE : ovale ou arrondie, généralement assez mince et auriculée, régulière, équivalve, inéquilatérale, quelquefois baillante; sommet antéro-dorsal, écorché; charnière sans dent, mais présentant une lame; ligament linéaire, extérieur, très - allongé; impressions musculaires écartées, très-distinctes.

Les Anodontes vivent dans les rivières, les étangs, les mares et les fossés au milieu des fonds vaseux, se nourrissent de matières diverses en suspension dans l'eau.

Je n'ai pas appris que les Mollusques servissent d'aliment dans la Gironde, comme cela a lieu dans quelques localités de l'Agenais.

118. 1. A. DES CYGNES, *A. cygnea*.

Mytilus cygneus Linn. Syst. nat. édit. X°, 1758, I, p. 706.
Anodontiles cygnæa Poir. Prodr. Avril 1801, p. 109.
Anodonta variabilis Drap. Tabl. Moll. Juillet 1801, p. 108.
A. cygnea Drap. Hist. Moll. 1805, p. 134.
LA GRANDE MOULE DES ÉTANGS, Geoff. Coq. Paris.
Var. *B. cellensis*, Anod. *cellensis*, C. Pfeiff. Deutsch. Moll. 1821, I, p. 110, pl. 6, fig. 1.
Anod. sinuosa Maud. Moll. Vienn. 1839, p. 15.

HABITE : le type, à Mérignac, dans la propriété de M. Ducasse (M. Jaudouin); à Lagrange, chez M. le comte Duchâtel (M. D. Guestier).

La var. *B.* presque tous les étangs, à Castres, dans le ruisseau et les viviers de Poitevin; les fossés et les marais de la Bastide, les étangs du littoral à Hourtins (M. Des Moulins); dans la Dordogne, à Castillon (M. Paquerée), l'Isle, à Coutras (M. P. Fischer), à Beychevelle (M. D. Guestier).

119. 2. A. DE DES MOULINS, *A. Moulinsiana.*

> *Anodonta Moulinsiana* Dup. Moll. terr. et fluv. de la France, p. 616, Tab. XX⁰, fig. 19.

HABITE : les étangs du littoral, Cazaux, Gastes, Biscarrosse; paraît très-commune. Cette espèce est-elle assez typique pour être maintenue?

120. 3. A. DE GRATELOUP, *A. Gratelupeana.*

> *Anodonta Gratelupeana* Gass. Tabl. Moll. terr. et d'eau douce de 'Agen. 1849, p. 193, pl. 3, fig. 1, 2, 3 et pl. 4, fig. 2.

HABITE : la Garonne, à Paillet, (feu Larrouy) Cadillac, (M. Bareyre) Cambes, la Garonnelle, la Réole; assez abondante. C'est à la variété *minima* de mon Tableau de l'Agenais, que se rapportent les individus de la Gironde.

Je me suis procuré des types de l'*A. complanata*, avec lequel plusieurs auteurs le réunissent; il est voisin de cette espèce, mais plusieurs caractères l'en séparent.

121. 4. A. DES PISCINES, *A. piscinalis.*

> *Anodonta piscinalis* Nilsson, Hist. Moll. suec. p. 116.
>
> *A. anatina* Drap. Hist. Moll. 1805, p. 133, pl. 12, fig. 2, non Linn.
>
> Var. *B. complanata.*
>> *C. elongata.*
>> *D. anatina.*
>> *E. palustris.*
>> *F. rostrata.*
>> *G. minima.*
>> *H. solida.*

HABITE : tous les cours d'eau grands et petits.

La var. *B.* la Garonne, à la Réole, Langon, la Garonnelle, etc., etc.; commune.

La var. *C.* les jalles de Blanquefort, de Saint-Médard, Gradignan.

La var. *D.* Étauliers.

La var. *E.* la Garonne à Langoiran, les marais et les fossés de la la Bastide, de Bruges, etc.

La var. *F.* l'eau blanche à Léognan (M. P. Fischer), à Salles.

La var. *G.* dans l'Isle (M. Paquerée).

La var. *H.* Beychevelle (M. D. Guestier).

Cette espèce, que j'ai recueillie en individus innombrables et variés, m'a toujours offert le même caractère typique ; ses nombreuses variétés ont été érigées en espèces par la plupart des auteurs ; ainsi, le type de Nilsson, la var. *A.* lorsqu'elle est âgée et qu'elle vit dans des eaux fortement calcaires, devient épaisse et très-lourde et a paru alors à plusieurs devoir être l'*An. ponderosa* de C. Pfeiff, ce qui a induit en erreur M. Moquin-Tandon ; car ma planche 4 des Mollusques de l'Agenais figure, en effet, un très-vieux individu.

La var. *B.* est le type des Allemands.

La var. *E.* est l'*An. Rossmassleriana* Dup. Moll. Gers, p. 74.

La var. *D.* est l'*An. anatina* Drap. non Linné.

La var. *E.* est l'*An. palustris* D'Orb. ?

La var. *F.* est l'*An. rostrata* Kokeil in Rossm. Icon. 1836, IV, pl. 25, fig. 284.

J'ai reçu l'Anodonte des piscines de Suède, d'Angleterre et d'Allemagne, et je n'ai plus un seul doute sur la valeur spécifique et l'identité de celles de l'Agenais et de la Gironde.

Genre XXV. — MULETTE, *UNIO.*

Mya (partim) Linn. Syst. nat. édit. X⁰, 1758, I, p. 670.

Mytulus (partim) Geoff. Coq. Paris, 1767, p. 131.

Unio Philipps Nov. Test. Gen. 1788, p. 16.

ANIMAL : semblable à celui des Anodontes, plus épais et nerveux.

COQUILLE : de forme variable, équivalve, inéquilatérale, assez bombée, quelquefois un peu baillante, auriculée ou non ; valves épaisses, rongées aux sommets ; ceux-ci plus ou moins antérieurs ; charnière formée d'une dent lamellaire sous le ligament et d'une double dent ; comprimée, dentelée irrégulièrement sur la valve gauche, et simple sur la valve droite ; ligament extérieur et allongé ; impressions musculaires très-écartées et peu distinctes.

Les Unios vivent avec les Anodontes, mais préfèrent cependant les grands cours d'eau.

122. 1. M. SINUÉE, *U. sinuatus.*

Unio rugosa Poir. Prodr. 1801, p. 105.
U. margaritifera Drap. Hist. Moll. 1805, p. 132, pl. 10, fig. 8-16.
U. sinuata Lamk. Anim. sans vert. 1819, VI, p. 70.
U. margaritiferus Nilss. Moll. Suec. 1822, p. 103.
U. crassissima Fér. ex. des Moul. Moll. Gironde 1827, p. 42.
Var. *B. minima.*

HABITE : la Garonne, à Paillet, à Cadillac, Langon, etc.; peu commune et toujours petite. C'est la var. *Garumnæ* de M. de Grateloup.

123. 2. M. LITTORALE . *U. littoralis.*

Mya rhomboïdea Schrot Fluss-Conch. 1779, p. 186, pl. 2, fig. 3.
Unio littoralis Cuv. Tabl. élém. 1798, p. 425.
Mya crassa Vall. exerc. Hist. nat. 1801, p. 7.
Var *B. elata* Nob.
　　　C. sericea Nob.

HABITE : les rivières et les grandes jalles; très-commune dans la Garonne, à Langoiran, Quinsac, Cambes, Cadillac, Langon, la Réole, etc. Dans l'Isle, à Coutras (M. P. Fischer), la Dordogne, à Castillon (M. Paquerée).

La var. *B.* dans la jalle à Saint-Médard.

La var. *C.* l'étang de Saint-Michel-de-Castelnau, sur le Ciron. (M. D. Guestier).

Cette dernière variété est fort remarquable par l'épiderme soyeux de couleur ferrugineuse qui recouvre le têt.

124. 3. M. DE REQUIEN, *U. Requienii*

Unio Requienii Mich. Compl. 1831, p. 106, pl. 16, fig. 24.
Unio pictorum (partim) Drap.
Var. *B. elongata.*
　　　C. arenosa Nob.
　　　D. ovata.
　　　E. purpurea.

HABITE : la Garonne, la Dordogne, l'Isle, la Leyre, les jalles de Saint-Médard, Blanquefort, etc., etc.

La var. *B.* la Garonne, à Cadillac (M. Bareyre), Paillet (feu Larrouy), la Réole, Langon, etc.

La var. *C.* les ruisseaux et les viviers de Poitevin, à Castres.

La var. *D*. la Jalle de Blanquefort.

La var. *E*. la Dordogne, Castillon, Libourne, l'Isle à Coutras, la Garonne à Paillet, Cadillac (MM. Bareyre et Laporte).

125. 4. M. de Deshayes, *U. Deshayesii*.

Unio Deshayesii Mich. Compl. 1831, p. 107, pl. 16, fig. 30.
U. Platyrinchoideus Dup. Hist. Moll. VI, p. 649, pl. 28, fig. 16.

Le type est fragile, à têt très-mince et toujours excorié; à rostre élargi et droit; *U. Deshayesii* Mich. loco cit.

Var. *B*. *Platyrinchoideus*, *U. Platyrinchoideus* Dup. loc. cit.

De moindre taille, plus solide, un peu arquée, à rostre aigu ou peu élargi; à reflets métalliques, sans ou peu d'excoriations.

Var. *C*. *minor*.

Habite : les étangs du littoral aquitanique. Le type, dans l'étang de Biscarosse (M. Perris), d'Hourtins et de Gastes (M. Des Moulins).

La variété *B*. dans l'étang de Cazeaux.

La var. *C*. la Leyre.

Cette espèce se rapproche beaucoup de l'*Un. Requienii*, Mich. Cependant les caractères que lui attribue M. Michaud sont constants; c'est ce qui me décide à la maintenir.

Famille VIII. — CARDIACÉS.

Cardiacés, Cuv. Règn. Anim. 1817, II, p. 476.
Cardiacées, Lamk. Anim. sans vert. 1819, VI, 1, p. 1.
Pediferia cycladia, Rafin. Monogr. Coq. biv. 1820, p. 318.
Cyclades, Fér. Tabl. Syst. 1822, p. 39.
Conchacés, Blainv. Malac 1825, p. 546.
Cycladiens, Maud. Moll. Vienne, 1839, p. 2.

Genre XXVI. — CYCLADE, *CYCLAS*.

Tellina (partim) Linn. Syst. nat. édit. X^e, 1758, I, p. 674.
Chama Geoff. Coq. Paris, 1767, p. 133.
Sphærium Scop. Intr. Hist. nat. 1777, p. 397.
Cyclas (partim) Brug. Encycl. illustr. 1791, pl. 301-302.

Animal : épais, ayant un manteau à bords simples; muni de tubes courts et réunis; pied large, comprimé à sa base et terminé par une sorte d'appendice.

COQUILLE : épidermée, mince, quelquefois demi-transparente, ovale, très-bombée, équivalve, inéquilatérale ; sommets très-rapprochés et un peu tournés en avant ; charnière composée de dents cardinales très-petites, quelquefois presque nulles ; tantôt deux sur chaque valve, dont une pliée ou lobée sur une valve et deux sur l'autre ; deux dents latérales écartées, lamelliformes, avec une fossette à la base ; ligament extérieur, postérieur et bombé ; deux impressions musculaires réunies par une impression palléale non excavée.

Les Cyclades habitent les eaux douces des grands cours d'eau, des ruisseaux, des fontaines et des marais.

126. 1. C. RIVICOLE, *C. rivicola.*

> *Cyclas rivicola* Leach, in Lamk. Anim. sans vert. 1818, V, p. 558.
> *Cyclas cornea* Drap. Tabl. Moll. 1801, p. 105, non Linné.

HABITE : la Dordogne (M. Bourguignat), la Garonne près de Bordeaux et à l'embouchure de la Jalle de Blanquefort (M. Laporte).

Je n'ai jamais trouvé cette espèce, mais la certitude que m'a donnée M. Laporte, notre collègue, de l'avoir recueillie dans la jalle de Blanquefort et l'*habitat* signalé dans la Dordogne à Libourne, par M. Bourguignat, me font un devoir de la signaler dans ce Catalogue.

127. 2. C. CORNÉE, *C. cornea* (1).

> *Tellina cornea* Linn. Syst. nat. édit. X^e, 1758, I, p. 678.
> *Tellina rivalis* Mull. Verm. Hist. 1774, II, p. 202.
> *Cyclas cornea* Lamk. Anim. sans vert. 1818, V, p. 558, non Drap.
> Var. *B. umbonata*, bords très-arrondis.
> Var. *C. isocardioïdes*, Normd. excessivement bombée.
> Var. *D. rivalis*, *Cyclas rivalis* Drap. Hist. Moll. 1805, p. 129.

HABITE : tous les ruisseaux d'eau courante, même les marais stagnants ; très-commune.

La var. *E.* a été trouvée, remarquablement belle, dans les fossés qui bordent la route de Paris à la Bastide, par M. Jaudouin.

---

(1) M. Paquerée, de Castillon, m'a envoyé un fragment de roche calcaire, des endiguements de la Dordogne, dont les vacuoles sont habitées par le *Cyclas cornea* ! J'ai eu à peine le temps d'observer ce fait, sans me rendre bien compte de la présence de ce Mollusque ; mais les expériences de M. Cailliaud, sur les roches perforées du littoral océanien, par l'*Echinus lividus*, me font un devoir d'étudier, pendant la belle saison, ce que peut avoir d'anormal un fait de cette nature. Je dépose, au Musée de Bordeaux, un échantillon de ce calcaire, habité par le *Cyclas cornea* !

128. 3. C. LACUSTRE . *C. lacustris.*

> *Tellina lacustris* Mull. Verm. Hist. 1774, II, p. 204.
> *Cyclas caliculata* Drap. Hist. Moll. 1805, p. 130, pl. 10, fig. 14-15 (13-14).
> Var. *B. tenuis* Nobis, très-mince et à bords tranchants.
>   *C. cinerea*, d'un gris bleu luisant.

HABITE : les eaux tranquilles, les réservoirs d'eau pluviale, sur les côteaux, à Floirac, Cambes, Quinsac, la Réole, Blaye, Beychevelle, Pauillac, Libourne, etc.; commune.

La var. *B. tenuis*, dans les marais de Belleville et de Mérignac, à l'Hippodrome, à la Ferme-expérimentale.

La var. *C. cinerea*, à Bègles (M. Jaudouin).

129. 4. C. OVALE, *C. ovalis.*

> *Cyclas ovalis* Fér. In. Ess. Méth. 1807, p. 128-136.

HABITE : l'Estey de Bègles, à la Moulinasse ; commune.

Obs. Cette espèce n'est autre chose que le *Cyclas lacustris* Drap. et de la plupart des auteurs. Férussac avait parfaitement saisi ses caractères différentiels, et la distinguant du véritable *lacustris* de Muller, il lui imposa le nom d'*ovalis*. Cette coquille a le tét très-mince, fragile, sans élévations caliculées aux sommets; le corselet et le côté opposé sont arrondis; les bords libres sont mousses et point tranchants, sa coloration est le gris verdâtre.

Genre XXVII. — PISIDIE, *PISIDIUM.*

> *Pisidium* C. Pfeiff. nat. Deutschl. Moll. 1821, I, p. 17-123.
> *Cyclas* (partim) Muller, Drap. etc.
> *Cardium* (partim) Poli. Test. Sic. p. 65.

ANIMAL : muni d'un manteau ouvert en avant pour laisser passer un pied linguiforme et fort extensible. Ce manteau est fait de manière à former un seul tube qui présente l'aspect d'un siphon court et contractile.

COQUILLE : épidermée, sub-ovalaire ou sub-arrondie, obliquement cunéiforme, inéquilatérale; sommets recourbés en avant, charnière dentée présentant sur la valve droite une seule dent cardinale, quelquefois complexe, reçue dans la gauche entre deux dents obliques; dents latérales étroites, allongées, lamelliformes sur les deux valves ; ligament extérieur et postérieur ; deux impressions musculaires sur chaque valve, réunies par une impression palléale, non excavée postérieurement.

Les Pisidies habitent avec les Cyclades ; seulement quelques espèces vivent dans les fontaines d'eau pure, mais à fond vaseux.

130. 1. P. DES RIVIÈRES, *P. amnicum.*

> *Tellina amnica* Mull. Verm. Hist. 1774, II, p. 205.
> *Cyclas palustris* Drap. Tabl. Moll. 1801, p. 106.
> *Cyclas obliqua* Lamk. Hist. Anim. sans vert. 1818, V, p. 559.
> *Pisidium obliquum* C. Pfeiff. Deutschl. Moll. 1821, I, p. 124, pl. 5, fig. 19-20.
> *Pisidium amnicum* Jenyns, Monogr. Cycl. and Pisid. in Trans. Cambridg. Soc. 1833, IV, p. 309, pl. 19, fig. 2.
> Var. *B. sulcata.*

HABITE : la Garonne et ses affluents, à la Réole, Saint-Macaire, la Garonnelle, Cambes, Paillet, etc.; à Castillon dans la Dordogne; l'Isle à Coutras; la Jalle de Blanquefort, de Saint-Médard, etc.; répandue, mais peu commune.

La var. *B. sulcata*, les esteys des Landes, de la Gironde; rare.

131. 2. P. INTERMÉDIAIRE, *P. intermedium.*

> *P. intermedium* Gass. Desc. Pis. du Sud-Ouest, in Act. Soc. Linn, Bord. t. XXᵉ, p. 338, pl. 1, fig. 4.

HABITE : dans les fontaines herbeuses; à Marcamps, Bassens, Créon: peu commune.

132. 3. P. CASERTANE, *P. casertanum.*

> *Cardium casertanum* Poli, Test. Sic. 1791, I, p. 65, pl. 16, fig. 1.
> *Cyclas fontinalis* auct. mult.
> Var. *B. limosum, Pis. limosum* Gass. Tabl. Moll. Agen. 1849, p. 206, pl. 2, fig. 10.
> Var. *C. cinereum, P. cinereum*, Alder. Cat. 1837.

HABITE : les fossés, les flaques des prairies, les réservoirs et les lavoirs; à Libourne, Saint-Émilion, Blaye, Étauliers, etc., etc.; très-commune.

133. 4. P. MIGNONNE, *P. pulchellum.*

> *Pisidium pulchellum* Jennyns, Monog. Cycl. and, Pisid. 1833, p. 306, pl. 21, fig. 1-5.

HABITE : les eaux vives et les marais ferrugineux, à Bruges, les allées de Boutaut, à Mérignac, la Ferme-expérimentale; la Jalle de Blanquefort, etc., etc.; commune.

134. 5. P. DE HENSLOW, *P. Henslowianum.*

> *Tellina Henslowana* Shepp. Descr. Brit. Shells, in Trans. Linn. XIV, 1823, p. 149.

Cyclas appendiculata Leach, in Turt. Shells Brit. 1831, p. 15, fig. 6.

Pisidium acutum L. Pfeiff. in Wiegm. Arch. 1831, I, p. 230.

Pisidium Henslowianum Jen. Monogr. Cycl. Pisid. loc. cit. 1833, IV, p. 308, pl. 21, fig. 6-9.

Var. *C.* non appendiculée.

HABITE : la Garonne à Paillet, la Garonnelle, Langon. La var. *C.* à Langoiran; rare.

135. 6. P. OBTUSE, *P. obtusale.*

Cyclas obtusalis Lamk. Anim. sans vert. V, 1818, 559.

C. minima Stud. Kurg. Verzeinch. 1820, p. 93.

Pisidium obtusale C. Pfeiff. Deutsch. Moll. 1821, I, p. 125, pl. V, fig. 21-22.

Cyclas gibba Alder, Cat. Shells, in Trans. North. 1830, I, p. 41.

Pisidium fontinale, var. *obtusale*, Held. in Isis, 1837, p. 306.

HABITE : les fossés alimentés par l'eau des fontaines; à Libourne, Paillet, Sainte-Croix-du-Mont, le Teich, sur la route de la Teste; assez rare.

136. 7. P. DE GASSIES, *P. Gassiesianum.*

Pisidium Gassiesianum Dup. in litt. 1849.

P. Gassiesianum Dup. Moll. France, Janvier 1849-1852.

P. Gassiesianum Dup. in Gass. Moll. de l'Agenais, Mars 1849, p. 207, pl. 2, fig. 12.

P. tetragonum Norm. coup-d'œil sur les Cyclades du département du Nord, 1854.

HABITE : les eaux vives et courantes, l'Estey de Bègles, la Jalle de Blanquefort, au Taillan, au Thil: commune et très-belle dans toute la Gironde.

137. 8. P. LUISANTE, *L. nitidum.*

Pisidium nitidum Jen. Monog. Cycl. and Pisid. in Trans. Cambridge, 1833, IV, p. 304, pl. 20, fig. 7-8.

Cyclas nitida Hanley, spec. Shells, 1843, I, p. 90 et Suppl. pl. 14, fig. 46.

HABITE : les ruisseaux herbeux; aux environs de Bordeaux, l'Estey de Bègles, de la Tresne; à Camblanes, Cambes, à Coutras, Marcamps; assez commune.

138. 9. P. PETITE, *P. pusillum.*

Tellina pusilla Gmel. Syst. nat. 1788 , p. 3231.
Cyclas fontinalis (partim) Drap. Tabl. Moll. 1801 , p. 105.
Pisidium fontinale C. Pfeiff. Deutschl. Moll, 1821 , I, p. 125,
pl. 5, fig. 15-16.
Cyclas pusilla Turt. Conch. Brit. 1822, p. 251, pl. 2, fig. 16-17.
Pisidium pusillum Jen. Monog. Cycl. and Pisid. in Trans. Cam-
bridge, 1833, p. 302, pl. 20, fig. 4-6.

HABITE : les fontaines, les ruisseaux, l'Estey de Bègles, Camblanes,
Cambes, Paillet, Marcamps, Saint-André-de-Cubzac, Blaye, Beychevelle, Pauillac, Mérignac ; les eaux de la Lande au Teich : commune.

RÉSUMÉ.

Catalogue de M. Des Moulins (1827-29).

BIVALVES. . . . . 3 genres. . . . . 9 espèces.
UNIVALVES { terrestres. . . . . 12 id. . . . . 50 id.
{ aquatiques. . . . 7 id. . . . . 31 id.

22 genres.   90 espèces.

Mon Catalogue (1859).

BIVALVES. . . . . 4 genres. . . . . 21 espèces.
UNIVALVES { terrestres . . . . . 14 id. . . . . 80 id.
{ aquatiques. . . . 8 id. . . . . 37 id.

26 genres.   138 espèces.

DIFFÉRENCE EN PLUS :

Genres. 4
Espèces 48

Sans compter les genres : *Zua* Leach, *Azeca* Leach, *Achatina* Lamk.
et *Pomatias* Studer.

Les espèces : *Arion ater* Fér. ; *Testacella scutulum ?* Sow.; *Succinea oblonga* Drap.; *Helix hortensis* Mull.; *Clausilia nigricans* Jeff.; *Physa castanea* Lamk.; *Limnea intermedia* Fér., *Nouletiana* Gass., *Trencaleonis* Gass., *vulgaris* C. Pfr., *marginata* Mich., *bilabiata* Hartm., *gingivata* Goup., *subulata* Kikx.; *Anodonta cellensis* C. Pfr., *anatina* Drap., *rostrata* Kokeil., *palustris* d'Orb., *minima* Mill., *Rossmassleriana* Dup. ; *Unió platyrinchoideus* Dup.; *Cyclas rivalis* Drap.; *Pisidium limosum* Gass., *cinereum* Ald.

Ces genres et espèces ont été abrogés après mûr examen des animaux et des coquilles. Les premiers ont été réduits à l'état de simple section , les deuxièmes à celui de variétés.

Ainsi , en ajoutant ces genres et espèces apocryphes, nous aurions le résultat suivant :

	4 genres.	25 espèces.
Total.	30 id.	163 id.

TABLE DES MATIÈRES.

Bordeaux. — Imprimerie et librairie de F. DEGRÉTEAU, L. CODERC et J. POUJOL, successeurs de Th. LAFARGUE, rue Puits de Bagne-Cap, 8.

DU MÊME AUTEUR

Essai sur le Buliau français, 3 planches. — 1874
Tableau méthodique et descriptif des Mollusques terrestres et d'eau [...] l'Angoumois, 4 pl. — [...] Avec [...] gravé et color. — 1849
Quelques jours d'herborisation aux Antilles, et en particulier sur [...] Soldes, avec 1 pl. bois. — 1851
[...] Notes additionnelles sur les Mollusques de la Gironde.
Observations relatives aux accouplements monstrueux [...] terrestres, in-8°. — 1852
Notice sur quelques faits relatifs à l'abnormité des [...]
Quelques mots de réponse à M. Bourguignat [...] — 1854
Description des Paludes (Bithinia) observées par [...] aquitanique du sud-ouest de la France, avec 1 pl. bois.
De l'introduction des Termites dans la ville de Bordeaux.
Description des Coquilles terrestres et fluviatiles [...] la Société Linnéenne de Bordeaux pour l'année 1854 [...], 1 pl. — 1856.
Monographie du genre Anostoma, en collaboration avec M. [...] in-8°, 2 pl. — 1856.
Rectification de quelques synonymes dans le genre [...] — 1856.
Description des Coquilles terrestres et fluviatiles recueillies [...] Calédonie; gr. in-8°, 4 pl. (1er article). — 1857.
Addenda aux Coquilles calédoniennes (2e article). — [...]
Des progrès de la Malacologie en France [...] en particulier, gr. in-8°. — 1858.
Note sur la prétendue Helico-Limnée. — 1858.
Catalogue raisonné des Mollusques terrestres et d'eau douce [...] 1859.

En préparation

Coquilles terrestres et d'eau douce de la Nouvelle-Calédonie. — 1859.
Monographie des Limaciens de France.